KB274843

Travel Schedule
여행 일정

MEMO

끄적 끄적

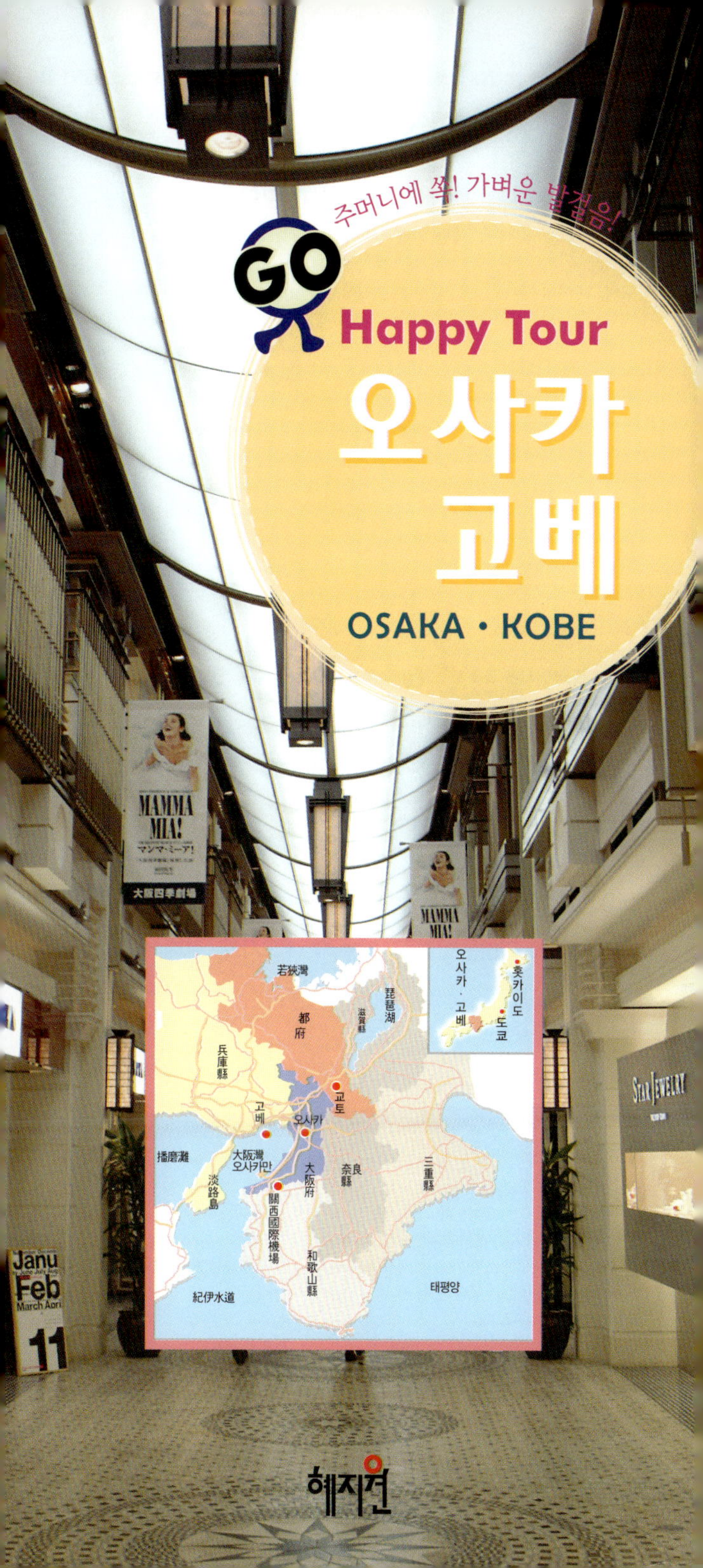
주머니에 쏙! 가벼운 발걸음!
GO
Happy Tour
오사카
고베
OSAKA · KOBE
若狹灣
都府
滋賀縣
琵琶湖
兵庫縣
오사카·고베
홋카이도
도쿄
교토
고베
오사카
播磨灘
大阪灣
오사카만
大阪府
奈良縣
三重縣
淡路島
關西國際機場
和歌山縣
紀伊水道
태평양
STAR JEWELRY
MAMMA MIA!
マンマ・ミーア!
大阪四季劇場
Janu
Feb
March Apri
11
혜지원

이 책을 보는 방법
How to Use This Book

이 책은 지역별소개, 여행 정보의 두 부분으로 나뉘어져 있습니다. 지역별소개 부분에서는 오사카의 주요 명소를 오사카성, 우메다, 신사이바시, 도톤보리, 난바, 아메리카무라, 미나미센바, 호리에, 신세카이, 츠루하시, 오사카만 등의 지역으로 나누어 소개하였고, 고베의 주요 명소는 베이 에이리어, 산노미야, 모토마치, 키타노, 록코산 등의 지역으로 나누어 소개하였습니다. 각 지역은 교통 정보, 지도 등의 기본 자료 뿐 아니라 TOP관광명소, 쇼핑, 식당, 숙소 등의 정보도 함께 실었습니다.

여행정보부분에서는 오사카와 고베여행에서 반드시 필요한 비자, 날씨 등의 정보 외에도 교통정보, 특별 승차권 등을 자세히 소개하여 당신의 여행을 더욱 편리하게 할 것입니다.

쉽게 찾을 수 있도록 전화번호, 팩스, 주소, 홈페이지, 영업시간, 교통 등을 포함한 지역별 소개의 여행정보는 모두 글씨를 확대하여 여행 중에도 편하게 읽을 수 있을 뿐만 아니라 알아보기 쉬운 범례로 표시하였습니다. 각 범례의 뜻은 다음과 같습니다.

🔺	지도페이지 & 좌표	🅕	팩스	🆆	홈페이지
🐾	교통	✉	개업시간	@	E-mail
🏠	주소	休	휴업일		
☎	전화	$	가격		

이 책에 표시된 가격은 모두 엔화를 단위로 했으며, 책 속에 표시된 교통, 비용, 영업시간, 주소, 전화 등과 같은 변동성 항목은 각각 2006년 10월 이전에 수집된 자료를 기준으로 하였으며, 비용부분은 특별히 변동되기 쉬우니 참고하시기 바랍니다.

주머니에 쏙! 가벼운 발걸음! Happy Tour 오사카 · 고베

- **가볍고 편안한 크기, 두껍고 무거운 여행서는 BYE BYE!**
  크기 10×21cm, 무게 200g, 편안하고 부담이 없어 주머니든 가방이든 어디에도 OK!!
- **만족스러운 정보들이 ALL IN ONE!**
  알짜 정보만 모아서 꼭 가보아야 할 관광명소, 맛보아야 할 음식, 쇼핑장소에 대한 정보를 모두 수록하였습니다.
- **효율적인 구성으로 언제 어디서든 쉽게 찾아 사용한다!**
  각 지역을 장과 절로 나누고 지도를 수록하여 필요한 정보를 쉽게 찾을 수 있습니다.
- **관광명소+식당+쇼핑+숙소, 나도 이제 여행전문가!**
  책에 수록된 곳을 스스로 선택하여 자신이 원하는 완벽한 여행계획(2박 3일, 4박 5일)을 짤 수 있습니다.
- **여행 필수 품목 No.1!**
  참신하고 예쁜 디자인, 한손에 쏙 들어가는 사이즈, 비닐 표지로 싸여있어 어디든지 들고 다닐 수 있습니다.

지역 명칭

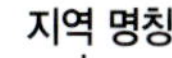

지역별 지도

지도범례

명소(한국어&영어&한자)

지도좌표&페이지

명소 정보

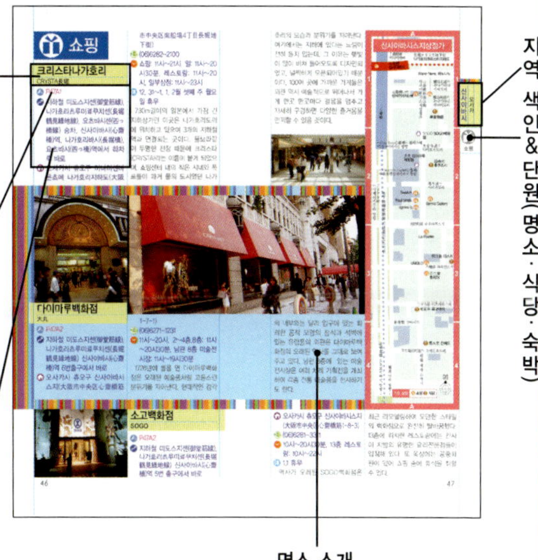

지역 색인&단원(명소·식당·숙박)

명소 소개

黑ラベル
心齋橋筋
SHINSAIBASHI-SUJI
海外自由旅行No.1
H.I.S
www.his-j.com
エイチ・アイ・エスは夢ビル
旅行 HIS
貸室有

지도색인

기 타

172 여행 회화 Travel Conversation

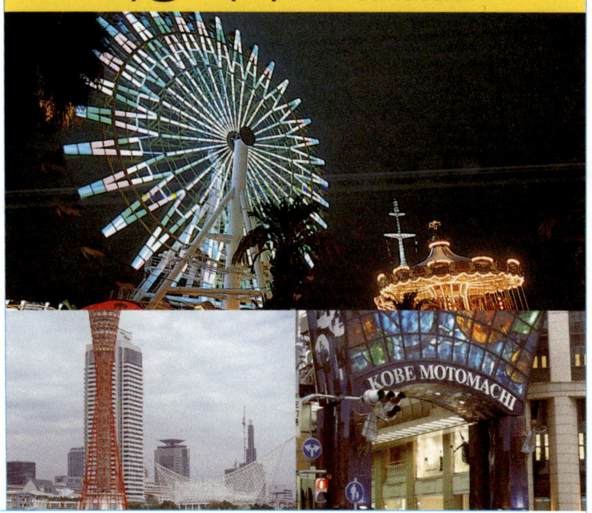

유니버설 스튜디오

Universal Studios Japan

스파이더맨이 그려져 있는 유메사키센(夢咲き線)을 타면 아시아에서 유일한 USJ(Universal Studios Japan)에 도착한다. 2001년 3월 31일 오픈한 USJ는 일반 테마파크와는 달리 할리우드에서 탄생한 영화들을 주제로 조성되었다. 기존의 USJ의 정신을 이으면서 거기에 일본의 독창적인 공연 프로그램 및 세서미스트리트, 핑크팬더, 스누피, 베티붑과 헬로키티 등의 친근한 캐릭터를 더해 많은 관광객들을 끌어들이고 있다. 놀이 시설부터 내부 설계에 이르기까지 영화 촬영장처럼 되어 있고 이름 역시 뉴욕, 할리우드, 샌프란시스코 등으로 나뉘어져 있다. 또 세계적으로 유명한 고전 영화들을 재현해 놓아 관광객들은 영화 속 세트와 소품들을 구경할 수도 있어, 영화를 좋아하는 사람이라면 USJ의 즐거운 매력에 빠지게 될 것이다.

◎ 가는 방법

🚆 JR 오사카 칸죠센(大阪環状線) 유니버설 시티(ユニバーサルシティ)역에서 하차 · JR 오사카 칸죠센 이용. 니시쿠죠(西九条)역에서 JR 유메사키센(夢咲き線)으로 환승 후 유니버설 시티역에서 하차(전동차에 USJ의 캐릭터들이 그려져 있음. USJ는 오사카만에 위치)

교통정보

🏠 오사카시 코노하나구 사쿠라지마 (大阪市此花区桜島 2-1-33)

☎ (06)6465-3000

🕐 날짜에 따라 개장시간 다름(홈페이지에서 정확한 개장시간 확인)

💲 스튜디오패스(1일 자유이용권)– 어른: ¥5,800, 4~11세 어린이: ¥3,900, 65세이상 노인: ¥5,100, 유니버설 익스프레스: 입장 시간을 예약하는 입장권이 있으면 줄을 서서 기다리는 시간을 절약할 수 있고, 어메이징 어드벤처 오브 스파이더맨 라이드, 세서미 스트리트, 슈렉 4D무비 극장, 터미네이터2, ET어드벤처, 죠스, 스누피 플레이랜드, 백투터퓨쳐라이드 등 7개의 놀이기구를 이용할 수 있다. 입장권은 USJ 내에 있는 7개의 기념품점에 가서 구입하면 된다. 각각 4종류와 7종류의 예약 티켓이 있으며, 지정된 예약 시간에 놀이기구 직원에게 Pass를 보여주면 된다. 판매는 매일 13시까지이고, 발권이 제한되어있기 때문에 구매를 서둘러야 한다. 4종류 놀이기구 예약은 ¥2,000부터이고, 7종류 놀이기구 예약은 ¥3,500부터이며 USJ공인호텔에 가면 할인혜택을 받을 수 있다.

🌐 www.usj.co.jp

❗ 당일 티켓창구에서 구매가능하며, 온라인에서도 구매가능하다.(www.usj.co.jp/ticket/webticket_index.html, 일본어만 가능), 그 외에 일본 국철의 JR창구 , 편의점 LAWSON에서 입장 예약 티켓을 구입한 후에 당일 도착하여 입장권으로 교환하면 된다.

입구에 걸린 커다란 죠스는 실제와 흡사해 관광객들은 두려워하면서도 용기를 내어 입을 쫙 벌리고 있는 죠스 앞에서 사진을 찍는다.

배에 타면 멋진 제복의 선장이 직접 여행에 대해 소개하고, 어촌 풍경의 수로를 따라 가다가 배가 도크에 진입하면 기이한 분위기의 알 수 없는 공포가 느껴진다. 배가 더 깊은 곳으로 들어가면 갑자기 실물

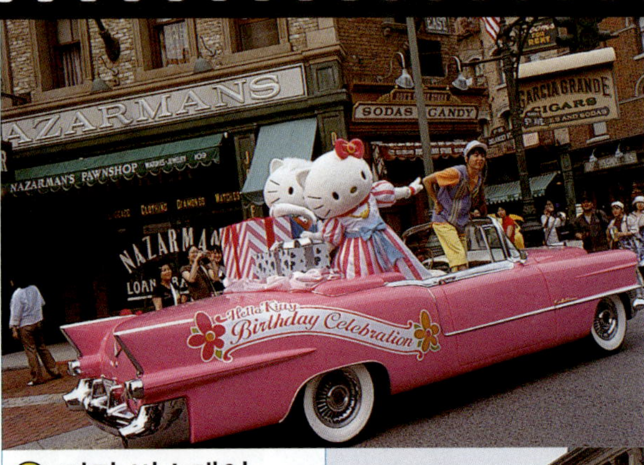

② 키티 버스데이 셀러브레이션

Kitty Birthday Celebration

키티와 남자친구 다니엘이 뚜껑이 열린 복고풍 스포츠카를 타고 손님들을 환영한다. 공연 시작 전에 이미 많은 엄마들이 아이들과 함께 기다리는 것을 볼 수 있다. 오늘이 생일이든 아니든 기쁘게 노래하고 춤을 추며 생일의 즐거운 분위기를 연출한다.

크기의 죠스 한 마리가 배를 향해 다가오는데 모두를 집어삼킬 듯이 입을 벌리면 비명이 저절로 나온다. 스릴 넘치는 하구의 경치가 머리카락이 쭈뼛하는 스릴을 선사할 것이다.

③ 어메이징 어드벤쳐 오브 스파이더맨

The Amazing Adventures of Spider-man

입체안경을 끼면 스파이더맨이 있는 도시와 거리가 눈앞에 펼쳐진다. 순식간에 스파이더맨이 차 위로 뛰어올라와 모두에게 악당이 뒤에 있음을 경고하고, 곧바로 닥터 옥타비우스와 함께 차들이 동에 번쩍 서에 번쩍 끊임없이 나타난다. 차 전체가 위 아래로 움직이고 이리저리 부딪히며, 불꽃들이 여기저기서 터진다. 마치 영화 속의 한 장면에 들어와 있는 것 같은 느낌이 들 것이다.

④ 페이머스 파이브 드리머스 투어

The Famous 5~Dreamer's Tour

미국의 TV프로그램인 '세서미 스트리트'에서 가장 사랑받는 빅버드, 쿠키몬스터, 어니, 엘모가 노란색 세서미 스트리트 스쿨버스를 타고 관광객들의 앞에서 귀엽고 재미있는 춤을 선보이면서 모두에게 마음속의 아름다운 꿈을 이야기 한다.

⑤ E.T 어드벤쳐

E.T Adventure

영화 E.T하면 가장 먼저 자전거를 타고 하늘로 날아오르는 장면이 떠오를 것이다. ET 어드벤쳐는 바로 그 장면을 재현한 곳으로, 당신을 환상의 세계로 초대한다. 자전거가 위 아래로 오르내리며 외계인들이 사는 세계로 당신을 안내하고, 발 아래에 펼쳐진 오색찬란한 야경을 바라보며 외계인친구와 함께 밤하늘을 날아가게 된다.

⑥ 스누피 스튜디오
Snoopy Studios

스누피 스튜디오는 USJ를 위해 특별히 설계된 프로그램으로 만화, 모델하우스, 애니메이션이 결합되어 있으며, 미로, 분수 등 어린 아이들이 좋아하는 스누피 플레이 랜드가 조성되어 있다. 모두가 좋아하는 스누피, 피넛츠 가족과 함께 놀이도 즐기고 맛있는 식사도 함께 할 수 있다.

⑧ 백 드래프트 Back Draft

소방구조대의 이야기를 담고 있는 영화 "백 드래프트"를 재현해 놓은 곳으로 대형화재 발생 시의 공포를 느낄 수 있다. 재난 영화가 제작되는 과정을 둘러볼 수 있도록 해놓았으며, 영화 속, 가장 중요한 폭발장면에는 40여종의 특수효과가 사용되었는데, 용솟음치는 불기둥, 덮쳐오는 불벽, 눈앞에서 폭발하는 드럼통 등, 화마의 공포를 피부로 느낄 수 있다.

⑦ 워터월드
Water World

사회자와 관중이 함께하는 재미 있는 공연 프로그램으로, 출연자들이 때때로 관중석을 향해 물을 뿌리기 때문에 만약 앞쪽에 앉는다면 물에 젖을 각오를 해야 한다. 워터월드만의 시원하고 상쾌한 매력을 느낄 수 있다.

⑨ 피터팬의 네버랜드
Peter Pan's Neverland

USJ에서만 볼 수 있는 이 쇼는 저녁 7시, 공원 내 라군(Lagoon)에서 펼쳐지는 공연이다. 2006년 봄, 초연을 시작하였고, 꿈과 환상이 가득한 피터팬의 모험이야기를 그리고 있다. 웬디가 사는 런던과 피터팬이 사는 네버랜드를 배경으로, 물 위에 네버랜드의 숲, 후크선장의 해적선, 인디언 릴리의 마을과 마메이드 스테이지 등 4개의 무대가 서로 이어져 있다. 마지막에는 불꽃이 터지며 피터팬이 웬디의 딸을 데리고 하늘을 자유자재로 나는 모습으로 최고의 하이라이트를 장식한다. 공연 감상 시, 관중들은 야광 봉을 손에 들게 되는데, 화려한 오색불빛이 아름다운 환상의 세계로 인도할 것이다.

USJ내에서 가장 인기 있는 놀이기구 중 하나이다. 열대우림을 탐험하는 보트에 앉아 먼저 공룡연구센터를 지나면서 온순한 초식 공룡을 만나게 된다. 다음에는 열대우림과 스릴 만점의 급류를 지나가는데. 이 때, 옷이 쉽게 젖기 때문에 사전에 우비를 사서 입는 것이 좋다.

⑪ 피네간즈 바 & 그릴
Finnegan's Bar & Grill

💲 오므라이스세트: ¥1,950, 초록맥주: ¥530부터(메뉴는 계절에 따라 변경)

아이리시 분위기로 가득한 피네간즈 바 & 그릴은 뉴욕의 Gramercy Park 옆에 있다. 내부는 아이리시 Pub을 컨셉으로 꾸며져 있는데, 점심시간에는 많은 사람들이 이곳의 오므라이스 세트를 찾아 줄을 길게 늘어선다. 가장 인기 있는 메뉴는 어니언링이다.

⑫ 유니버설 씨티 워크
Universal City Walk

- JR유메사키센 유니버설씨티역에서 도보 1분
- 오사카시 코노하나구 사쿠라지마(大阪市此花区桜島6-2-61)
- (06)6464-3080
- 3층 씨티 게이트: 10시~22시
  4층 씨티 숍: 11시~21시
  5층 씨티 푸드: 11시~23시

USJ의 동쪽 입구에 있는 이곳은 식사와 여가 및 쇼핑을 한 번에 해결할 수 있는 곳이다. 어린이들이 좋아하는 장난감 가게에는 추억의 장난감들도 많이 있다. 키티 관련 상품 전문 매장이나 USJ직영 상점의 모든 물건들은 전부 갖고 싶을 정도로 귀엽다. 만약 오사카의 특산을 미처 구입하지 못했다면 이곳에서 구입하면 된다.

⑬ 멜즈 드라이브-인
Mel's Drive-In

- 유니버설 세트: ¥1,100

할리우드 구역 내에 있는 멜즈 드라이브-인은 미국화보사진에서 뛰어나온 듯한 50년대의 미국 분위기를 가득 담고 있는 햄버거 가게이다. 입구에는 화려한 색의 오래된 차들이 놓여 있으며 밤이 되면 각가지 색의 조명이 켜진다.

⑭ 랜드 오브 오즈 Land of OZ

2006년 여름에 오픈한 곳으로, "오즈의 마법사" 속의 '마법의 과수원' 등을 재현해 놓았다. 인기 뮤지컬인 위키드(Wicked)와 동물 인형극인 토토 앤드 프렌즈(Toto & Friend)등의 공연이 어른과 어린이 모두를 마법의 세계로 인도한다.

아리마온천

有馬温泉 Arima Onsen

아리마온천은 고베에서 차로 30분정도 떨어진 산 속에 있다. 일본서기(日本書記)의 기록에 의하면 이곳은 일본에서 가장 오래된 온천마을 중 하나로 일본의 고대신화와도 깊은 연관이 있는 곳이다. 또 시코쿠(四国)의 도고온천(道後温泉), 와카야마(和歌山)의 시라하마온천(白浜温泉)과 더불어 일본의 3대 온천 중 하나이다. 이곳의 온천과 관련된 인물로는 도요토미 히데요시가 있는데, 그는 일본을 통일한 후 이곳에서 요양을 했으며, 성대한 다도회를 자주 열었다고 전해진다. 오늘날에도 11월 2일과 3일에는 아리마 다도회라는 큰 행사가 열린다. 이 온천은 성분에 따라 킨노유(金の湯)와 긴노유(銀の湯)로 나뉜다. 킨노유(金の湯)는 풍부한 염분과 철분을 함유하고 있어 지하에서는 투명한 온천수이지만 공기와 접촉하면 산화되어 적녹색으로 변하는 특징을 가지고 있다. 긴노유(銀の湯)는 순수한 약알칼리성 성분을 함유하고 있어 신경

통, 피부병, 위장병의 개선과 피로 회복 등에 효과가 있다. 두 온천 모두 목욕수와 음용수로 사용되고 있다.

아리마에는 모두 7개의 온천발원지가 있어 풍부한 탕량을 자랑한다.

교통정보

지하철 산노미야(三の宮)역에서 호쿠신큐코(北神急行)승차, 타니가미(谷上)역에서 고베전철(神戸電鉄)로 환승 후 아리마온센(有馬温泉)역에서 하차·약 24분정도 소요, 요금 ¥900; 우메다(梅田), 산노미야(三の宮)역에서 직행 버스이용, 아리마온천거리 하차·고베전철의 아리마온센(有馬温泉)역에서 타이카쿠하시(太閣橋) 및 온천거리 순환버스 이용. 요금 ¥100

◎ **아리마온천관광종합안내소**

☎ (078)904-0708

🕸 www.arima-onsen.com

❗ 아리마온천거리에 위치. 온천거리의 지도 및 숙박 정보제공 등의 서비스.

◎ **아리마 홈페이지**

🕸 www.alimali.jp

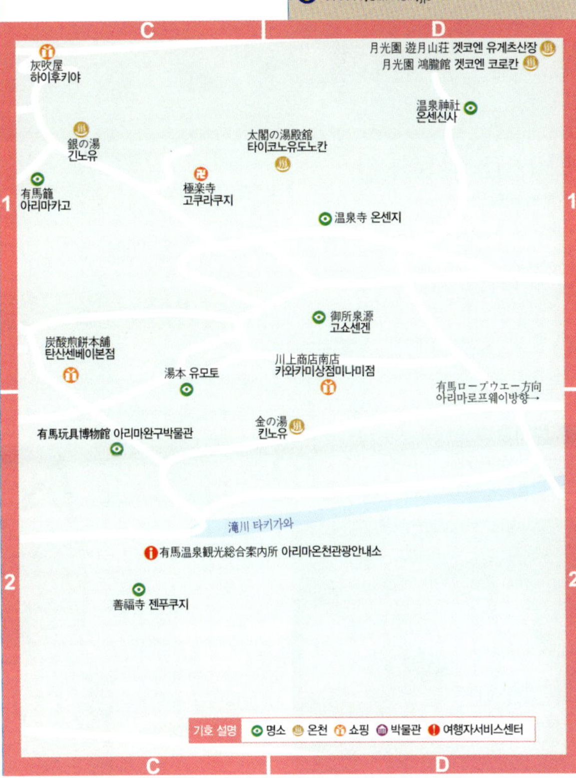

타이코노유도노칸

太閤の湯殿館

- P17D1
- 아리마온천거리
- (078)904-4304
- 9시~17시
- 어른: ¥200, 어린이: ¥100
- 매월 둘째주 수요일

　타이코노유도노칸은 고베대지진 후 발견된 도요토미 히데요시의 목욕탕 유적지이다. 이곳은 유노야마 고텐(湯山御殿)유적지 안에 있으며 증기 욕탕과 암석탕이 있고 수많은 도기들이 출토되었다. 당시 천하를 호령하던 도요토미 히데요시의 호화로운 목욕탕을 재현해 놓고 있다.

요시타카야 吉高屋

- P16A2
- 고베전철(神戸電鉄) 아리마온 센(有馬温泉)역에서 도보 1분

　요시타카야는 일본풍 잡화점 겸 카페로 대나무 수공예품, 킨노유로 만든 제품 등, 일본 분위기가 가득한 물건이 많이 있다. 가게 뒤에는 아리마온천의 타이코하시(太閤橋)가 있어 봄에는 벚꽃이 피고 여름에는 반딧불이 가득해 계절의 정취를 더한다.

킨노유 金の湯

- P17D2
- 아리마온천거리
- 8시~22시 (마지막 입장 시간: 21시 30분)
- 매월 둘째, 넷째 주 화요일
- 어른: ¥650, 6~11세 어린이: ¥340, 5세 이하 유아: ¥140

킨노유는 온도가 매우 높고 그 특유의 성분으로 목욕 후에는 피부가 아주 부드러워져서 아리마의 대표온천이 되었다. 킨노유 내부는 2002년 가을 리모델링 후 더욱 쾌적해졌다. 당일 여행을 하려고한다면, 킨노유의 매력을 꼭 느껴보자.

긴노유 銀の湯

- P17C1
- 아리마온천거리
- 9시~21시(마지막 입장 시간 20시 30분)
- 매월 첫째, 셋째 주 월요일
- 어른 : ¥550

6~11세 어린이 : ¥290
5세 이하 유아 : ¥120

2001년 9월 리모델링 후 킨노유와 마찬가지로 공영 시설이 되었다. 긴노유는 철분 외에도 대량의 탄산 성분이 있어서 목욕 후에 피부에 탄산 기포가 생기는 재미있는 특징을 가지고 있다.

겟코엔고로칸

月光園鴻朧館

- P17D1
- 고베전철(神戸電鐵) 아리마온센(有馬溫泉)역에서 도보10분
- 효고현 고베시 키타구 아리마쵸(兵庫県神戸市北区有馬町 318)
- (078)903-2255
- FAX(078)903-2288
- 1박2식, 1인당 ¥32,000부터
- www.gekkoen.co.jp

겟코엔 고로칸은 높은 곳에 위치하고 있어 조용한 산림과 하늘이 손에 잡힐 듯이 가깝다. 아리마 온천의 수많은 여관 중에서도 손에 꼽히는 곳으로, 욕탕은 남탕과 여탕으로 분리되어 있으며, 노천온천과 사우나가 붙어 있다. 노천온천의 바로 아래에는 조그마한 개울이 흐르는데 그 양 옆으로 벚꽃나무가 많이 심어져 있다. 벚꽃이 만발하는 4월 무렵, 탕에 몸을 담그고 눈처럼 흩날리는 벚꽃이 연출하는 환상적인 풍경을 감상할 수 있다. 그 밖에 3개의 온천이 더 있는데, 그중 사암온천은 와인을 주문할 수 있어 로맨틱한 분위기를 즐길 수 있으며, 식사주문도 가능하다. 계절에 맞는 식재료를 이용한 고베의 쇠고기 요리, 오코노미야키 등이 인기가 많으며, 1년 4계절 언제나 맛 볼 수 있다.

아리마카고 有馬籠

- P17C1
- 아리마온천거리

아리마카고는 전통 대나무로 섬세하게 엮은 바구니이다. 15세기에 시작된 이 편직법으로 만국박람회에서 우수상을 수상했다. 도요토미 히데요시도 이 아리마카고를 부인에게 선물했다고 전해진다.

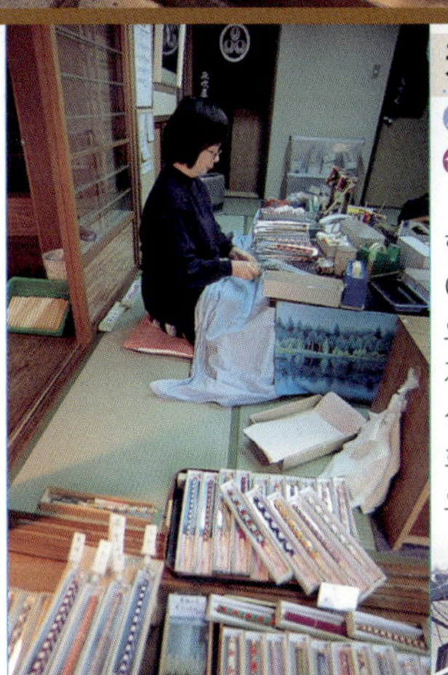

카와카미상점 川上商店

 P16B1

 아리마온천거리

 영록 2년(1559년)에 창업한 유구한 역사를 가지고 있는 상점이다. 여전히 시간을 들여 전통적인 방법으로 제작하기 때문에 풍부한 맛을 자랑한다. 인기 상품으로는 송이버섯 다시마 등이 있는데 조그마한 화장품 상자같이 포장되어 선물용으로 제격이다.

하이후키야 灰吹屋

 P17C1

 아리아온천거리

 하이후키야는 아리마 인형 붓을 전문으로 취급한다. 화려하게 수놓아진 펜대와 붓 머리에 달려있는 조그마한 인형이 매우 귀여운데, 이 붓은 아리마 명물 중 하나이다.

탄산센베이본점
炭酸煎餅本舗

🔺 P17C1

🏠 아리마온천거리

탄산 센베이 본점은 아리마의 탄산 온천으로 만들어 얇고 바삭하며 담백한 맛이 일품이다. 아리마를 찾는 관광객이라면 반드시 구입하는 명물 중 하나이다.

효에고요카쿠 兵衛向陽閣

🔺 P16A2

🚃 고베전철(神戸電鉄) 아리마온센(有馬温泉)역에서 도보10분

🏠 효고현 고베시 키타구 아리마쵸(兵庫県神戸市北区有馬町1904)

☎ (078)904-0501

📠 FAX : (078)904-3838

💲 1박 2식, 1인당 ¥24,000부터

🌐 www.hyoe.co.jp

유구한 역사를 가진 이곳은 외관은 모던하지만 내부와 객실은 전통적인 일본식이다. 대중탕의 전체적인 디자인은 매우 훌륭하다. 특히, 이치노유(一の湯), 니노유(二の湯)는 큰 유리창이 있어서 전망이 매우 좋은데, 그중 니노유는 이탈리아 로마 스타일로 디자인되어 유럽의 분위기가 가득하다. 또 실내에서는 무색의 투명한 긴노유를, 실외에서는 적갈색의 킨노유를 번갈아가며 즐길 수 있어 건강에 좋다고 한다. 또 넓은 정원에서 아시유(족탕, 足湯)에 발을 담그고 눈앞에 끝없이 펼쳐진 풍경을 감상하며 차 한 잔과 함께 이야기를 나누면 더욱 여유로운 분위기를 느낄 수 있을 것이다.

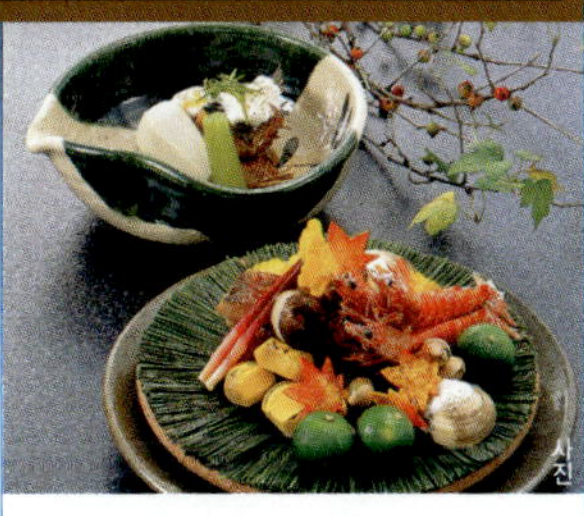

킨잔 欽山

- 고베전철(神戸電鉄) 아리마온센(有馬温泉)역에서 도보10분
- 효고현 고베시 키타구 아리마쵸(兵庫県神戸市北区有馬町 1302-4)
- (078)904-0701
- FAX: (078)904-1548
- 1박 2식, 1인당 ¥40,050부터
- www.kinzan.co.jp

일본 전통 료칸(旅館)의 스타일을 만끽하고 싶다면 킨잔(欽山)을 추천한다. 킨잔(欽山)이라는 이름은 중국의 지리서인 산해경(山海経)에 나오는 말로 절대적으로 아름다운 풍경을 가진 산이라는 뜻이다. 말 그대로 이곳은 아름다운 경관을 자랑하는데, 폭포 식으로 설계된 탕에 몸을 담그고 눈을 감으면 졸졸 흐르는 물소리가 들려오며 마치 한적한 숲속에 와 있는 듯한 느낌이 든다. 제철요리도 주문할 수 있어 휴식과 더불어 맛있는 식사도 즐기는 완벽한 휴가를 보낼 수 있다. 또한 이곳은 12세 이하의 손님은 받지 않는 것을 원칙으로 하고 있어 조용한 휴가를 보내고 싶은 사람에게는 적격이다.

오사카성

Osaka

오사카 교통지도

타카라즈카역 방향
이시바시
미노오 방향
시바하라
쇼지
호타루가이케
토요나카
오사카모노레일
오사카쿠코
오카마치
소네
타카라즈카역 방향 JR타카라즈카센
키타이타미
한큐타카라즈카센
핫토리
료쿠치코엔
오사카 국제공항
쇼나이
이타미
히가시미쿠니
한큐이타미센
이타미
미쿠니
신이타미
산요신칸센
신오사카
히메지 방향
이나노
이나데라
소노다
니시나카지마미나미가타
산노미야역 방향
칸자키가와
츠카구치
츠카구치 한큐고베센
쥬소
츠카모토
나카츠
산노미야역 방향
아마가사키
카시마
JR 고베센
나카온
오사카
우메다
다이모츠
쿠이세
미테지마
히가시우메다
산노미야역 방향
치부네
JR 토자이센
센
후쿠시마
우메다
니시우메다
아마가사키
한신혼센
히메지마
후쿠시마
키타신치
요도야바시
데키지마
에비에
신후쿠시마
혼마치
후쿠
요도가와
히고바시
한신니시오사카센
노다한신
타마가와
텐포
노다
아와자
니시쿠쵸
노다
치도리바시
니시나가호리
니시오하시
신사이바시
아지카와구치
벤텐쵸
쿠쵸
사쿠라가와
요츠바시
난바
유니버설씨티
도무마에 치요자키
JR난바
다이코쿠쵸
사쿠라지마
아사시오바시
시오미바시
JR유메사키센
타이쇼
아시하라쵸
아시와라바시
신이마미야
츄오센
키즈가와
이마미야
신이마미야
오사카코
초모리
이마미야
코스코스퀘어
하나조노쵸
하기노챠야
토레이도센타마에
난카이시오미바시센
니시텐가챠야
키시노사토
나카후토
타마데
키시노사토타마데
포토타운히가시
요츠바시센
포토타운니시
키타카가야
코하마
훼리터미날
스미요시다이샤
난카이타카노센
난코히가시
난코구치
히라바야시
스미노에코엔
스미노에
시치도
사카이
칸사이 국제공항
미나토
아사카야마
칸사이이쿠코
이시즈가와
한큐이텐샤
사카이히가시
JR칸사이쿠코센
난카이쿠코센
사카이요히가시
미쿠니가오카
린쿠타운
난카이혼센
하고로모
모즈
와카야마시역 방향
하마데라공원
우에노시바
이즈미사노
JR한와센
히가시하고로모
츠쿠노
와미즈츄오역 방향
와카야마역 방향
히네노
오토리

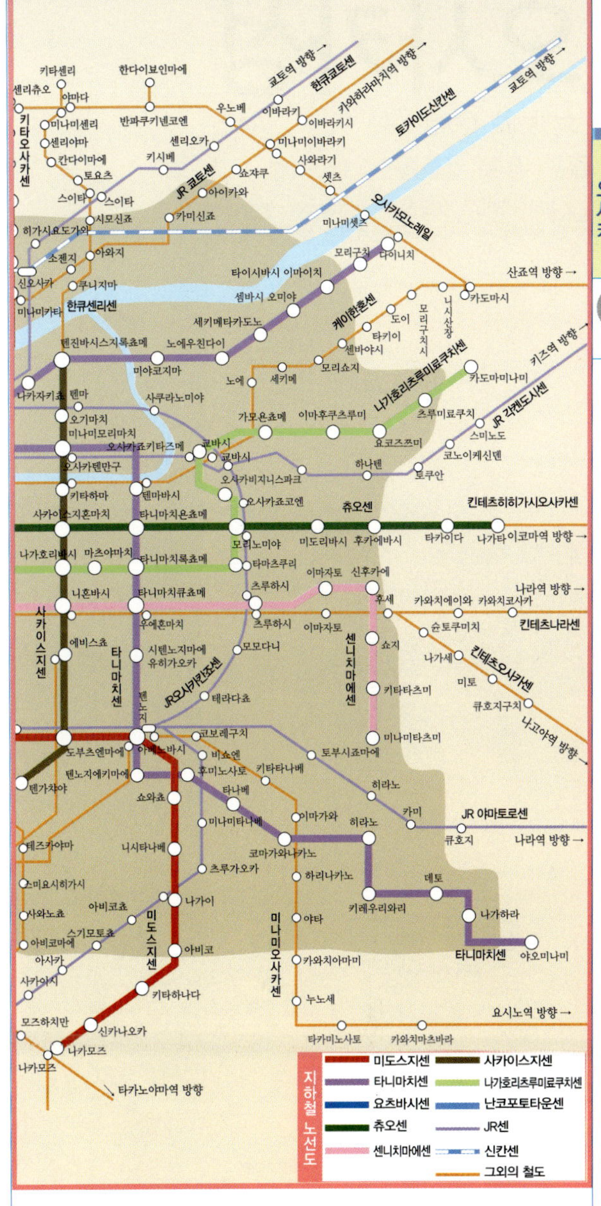

명소

27

오사카성

大阪城 Osakajo

상당히 넓은 면적을 차지하고 있는 오사카성. 화려한 텐슈카쿠도 유명하지만 봄에 만개하는 벚꽃 또한 빼놓을 수 없는 절경이다. 바다와 이어지는 수상버스 승강장도 이곳에 있다. 오사카역사를 알고 싶다면 이곳은 필수코스이다.

명소

오사카성
大阪城 Osakajo

- P28B3
- 지하철 타니마치센(谷町線) 텐마바시(千満橋)역이나 타니마치로쿠쵸메(谷町六丁目)역에서 하차 · 지하철 나가호리츠루미료쿠치센(長堀鶴見緑地線), 츄오센(中央線) 이용, 모리노미야(森之宮)역에서 하차 · JR칸죠센(環状線) 오사카죠코엔(大阪城公園)역에서 도보15분
- 오사카시 츄오구 오사카죠(大阪市中央区大阪城1-1)
- (06)6941~3044
- 9시~17시, 마지막 입장시간 16시 30분
- 12. 21 ~ 1. 1
- 텐슈카쿠(天守閣): 중고생 이상 ¥600, 초등학생 이하 무료

오사카성은 오사카의 랜드 마크로 오사카 여행에서 빠질 수 없는 필수 코스이다. 오사카성은 도요토미 히데요시가 살던 성으로 위엄 있고 웅장한 건물이 전국 시대의 기세를 잘 보여주고 있다. 아쉽게도 현재의 오사카성은 제2차 세계대전 후에 재건된 것으로 원래의 텐슈카쿠(天守閣)도 도요토미 히데요리(도요토미 히데요시의 아들)와 도쿠가와 이에야스의 권력 다툼 때 불에 타 없어졌다. 에도 시대에 재건된 오사카성은 메이지 시대의 동란으로 다시 한 번 훼손되었다가 2차 대전 후 다시 재건되고, 역사박물관으로 변신하여 도요토미 히데요시와 관련된 역사 문물들을 전시하고 있다. 원래의 모습대로 화려하고 호화롭게 재건된 텐슈카쿠에는 5층높이의 엘리베이터가 설치되었지만, 꼭대기인 8층에 올라가려면 다시 3층 높이를 걸어서 올라가야 한다. 이곳에서는 시야가 탁 트여 오사카의 전경이 내려다보인다.

오사카성 공원
大阪城公園

- P28B3
- JR오사카코엔(大阪城公園)역, 지하철 모리노미야(森之宮)역에서 도보3분
- 오사카시 츄오구 오사카죠(大

오사카수상버스
大阪水上 BUS

- P28B3
- 오사카시 츄오구 오사카죠(大阪市中央区大阪城)
- (06)6942-5511
- 10시~17시 약 한 시간마다 한 대,시간은 계절과 승선부두에 따라 다름
- 20분 소요 버스: 어른 ¥800, 12세이하 어린이 ¥400, 40분 소요 버스: 어른 ¥1,200, 12세 이하 어린이 ¥600, 60분 소요 버스: 어른 ¥1,600, 12세 이하 어린이 ¥800, 성

수기 기간(3. 21~5. 10): 어른 ¥1,880, 어린이 ¥940
- www.keihannet.ne.jp/suijobus

옛날부터 오사카의 발전은 물길과 관련을 맺으며 이어져 왔다. 그래서 시내에는 교통 및 왕래를 위해 인공적으로 파 놓은 하류 등이 종횡으로 교차되어 있다. 물길을 이용해 오사카를 관광하고 싶다면 오사카 수상버스를 타는 것도 좋은 방법이다. 그중 아쿠아라이너(Aqua Liner)는 오사카성에서 출발하여 테이코쿠호텔, 조폐국을 거치는 관광 코스이다. 오사카의 많은 다리들을

오사카조폐국벚꽃거리
大阪造幣局桜の道

- P28A2
- JR토자이센(東西線) 오사카죠 키타즈메(大阪城北詰)역에서 도보10분
- 오사카죠 키타구 텐만(大阪市北区天満1-1-79)

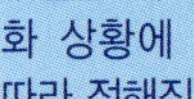 (06)6351-5105
- 월~금: 10시~21시, 토~일: 9시~21시, 벚꽃이 피는 4월 중 일주일은 개화 상황에 따라 정해짐

오사카역사박물관
大阪歴史博物館

- P28A4
- 지하철 타니마치센(谷町線) 지하철 츄오센(中央線) 이용, 타니마치욘초메(谷町四丁目)역에서 하차
- 오사카시 츄오구 오테마에(大阪市中央区大手前4-1-32)

- (06)6946-5728
- 9시 30분~17시, 금: 9시 30분~20시, 마지막 입장 시간은 폐관 30분전
- 화요일, 12. 28~1. 4
- 어른: ¥600, 고등학생: ¥400, 초중고생: 무료
- www.mus-his.city.osaka.jp

오사카성 남쪽에는 넓은 난바궁

阪市中央区大阪城3)

💲 무료

　오사카성공원은 오사카성 타마즈쿠리몬(玉造門) 유적지 옆에 있으며 넓은 숲을 이루는 공원 내에는 꽃나무들이 가득하다. 오사카홀과 야구장도 공원 내에 위치하고 있는데, 서(西)일본에서 가장 큰 체육관인 오사카홀은 16,000명을 수용할 수 있으며, 콘서트, 스포츠이벤트, 국제회의 등 대형 행사가 자주 열린다. 4월 초순, 벚꽃 만개 시기가 되면 오사카성공원은 칸사이(関西) 지방에서 손꼽는 벚꽃 감상의 명소로 사랑받고 있다.

수월하고 안전하게 통과하기 위해 아쿠아라이너의 선체는 매우 평평하다. 이 평평한 선체의 윗부분은 모두 유리창으로 되어 있어 멀리까지 경관을 조망할 수 있다. 봄에는 양 쪽으로 벚꽃이 피어 최적의 벚꽃감상 장소이다.

　요도가와(淀川) 우측에 위치한 조폐국은 메이지 4년(1871년)부터 일본의 화폐를 만든 곳이었다. 매년 4월 중하순이 되면 수많은 여행객들이 조폐국 박물관이 아닌 박물관을 감싸고 있는 벚꽃 길을 감상하기 위해 이곳을 찾는다. 매년 벚꽃이 만개하는 1주일 동안은 외부에 개방하며, 117종에 달하는 벚꽃 외에 다른 곳에서는 흔히 볼 수 없는 진귀한 벚꽃들이 많아 만개 시에는 그 풍경이 일품이다.

(難波宮) 유적지가 있어 8세기 일본의 수도였던 화려한 오사카의 일면을 보여준다. 2001년 완공된 오사카역사박물관은 그 유적지 위에 지어졌다. 지하실에서부터 아스카 시대의 궁전 창고와 수리시설 등의 유적을 둘러볼 수 있다. 다른 층에서는 고대 일본에서 중요한 전략적 역할을 했던 오사카성의 역사와 문화사료 등을 전시해 놓았다.

31

오사카테이코쿠호텔
Imperial Hotel Osaka

- P28A1
- 오사카시 키타구 텐마바시(大阪市北区天満橋1-8-50)
- (06)6881-1111
- ¥28,350~¥46,200
- www.imperialhotel.co.jp/index_j.html

도쿄 테이코쿠 호텔의 역사와 전통을 이어받아 로비에서부터 고급스러운 분위기로 가득하다. 근처에 있는 테이코쿠 호텔 센터에는 수많은 세계적인 브랜드들이 모여 있어, 역시 놓칠 수 없다. 지리적인 위치도 좋아 호텔에서 바라보는 강변의 풍경도 멋지다. 특히 봄에는 최적의 벚꽃감상 장소 중 하나로 사랑받고 있다.

호텔 케이한 텐마바시
Hotel 京阪天満橋

- P28A3
- 오사카시 츄오구 타니마치(大阪市中央区谷町1-2-10)
- (06)6945-0321
- ¥5,000~¥9,660
- www.hotelkeihan-t.com

호텔 더 루테르
Hotel The Lutheran

- P28A4
- 오사카시 츄오구 타니마치(大阪市中央区谷町3-1-6)
- (06)6942-2281
- ¥7,875~¥15,225
- www.hotel-lut.com

호텔 썬 화이트
Hotel SunWhite

- P28A4
- 오사카시 츄오구 타니마치(大阪市中央区谷町3-7-6)
- (06)6942-3711
- ¥7,770~¥14,280
- www.hotelsunwhite.co.jp

호텔 워크 뷰 오테마에
Hotel Walk View 大手前

- P28A3
- 오사카시 츄오구 오테마에(大阪市中央区大手前1-6-5)
- (06)6949-0009
- ¥8,400~¥14,175

아이쿠메 あいくめ

- P28A3
- 오사카시 츄오구 이시마치(大阪市中央区石町1-1-5)
- (06)6941-3774
- ¥5,300 부터

비즈니스 인 타니마치
Business In 谷町

- P28A4
- 오사카시 츄오구 키타신치(大阪市中央区北新地2-10)
- (06)6946-7777
- ¥5,500~¥8,400
- b-inn.net

우메다

梅田 Umeda

우메다는 교통의 중심지로 JR오사카(大阪)역, 한큐우메다(阪急梅田)역, 한신 우메다(阪梅梅田)역이 모두 이곳에서 만난다. 또 미도스지센(御堂筋線), 요츠바시센(四つ橋線), 타니마치센(谷町線)등의 노선이 모두 이곳을 지나 오사카의 각 지역으로 뻗어 간다. 우메다는 번화한 비즈니스 지역으로 고층빌딩의 숲을 이루며, 우메다역과 오사카역을 연결하는 일본 최초의 지하도는 매일 끝없는 인파의 행렬이 이어진다. 또 상점이 너무 많아 처음 이 지하도를 찾는 사람들은 그 복잡함에 놀라게 되고 현지인들조차도 자주 길을 잃는다고 한다.

👁 명소

국립국제미술관

国立国際美術館

🧭 P34A4

🚇 지하철 요츠바시센(四つ橋線) 히고바시(肥後橋)역 2번 출구에서 도보10분 · JR오사카칸죠센(大阪環状線) 후쿠시마(福島)역, JR토자이센(東西線) 신후쿠시마(新福島)역 2번 출구에서 도보10분

🏠 오사카시 키타구 나카노시마(大阪市北区中之島4-2-55)

☎ (06)4860-8600

🕐 10시~17시, 마지막 입장 시간: 16시 30분

🚫 월요일

💲 상설전: 어른 ￥420, 대학생 ￥130, 고등학생 ￥70, 초중고생 및 65세 이상 노인 무료

🌐 www.nmao.go.jp

오사카의 국립국제미술관은 1977년 오픈했으며 주로 각종 현대 미술 작품을 전시하고 있다. 오사카가 70년대 개최한 만국박람회 당시에는 만박회관(万博会館)내에 있었으나 건물과 시설이 점점 낙후되어 많은 문제점이 발생하게 되어, 2004년에 현재의 나카노시마(中の島)지역에 자리를 잡게 되었다. 건물의 외관이 매우 독특한데 대나무의 생명력을 표현한 거대한 금속 조형물이 마치 비상하는 한 마리 매와 같으며 다원화된 현대 미술을 보여주고 있다.

신우메다씨티 공중 정원전망대

新梅田City空中庭園展望台

✈ P34A2

🚇 JR각 노선 이용, 오사카(大阪) 역 중앙 북쪽 출구에서 도보 9분

🏠 오사카시 키타구 오요도나카 (大阪市北区大淀中1-1-88)

🕐 10시~22시30분, 마지막 입장 시간 22시

💲 전망대: 어른 ￥700, 중고생 ￥500, 초등학생 ￥300, 유아 ￥100

　도시와 자연, 과거와 미래를 테마로 한 신우메다씨티는 현대화된 고층빌딩 가운데 정원이 조성되어 있는 곳이다. 이 건물은 동쪽, 서쪽의 두 탑이 개선문의 형태로 지어진 초고층 빌딩이기 때문에 광장에서 올려다보면 그 모습이 장관이

다. 공중정원전망대로 가려면 먼저 고속 엘리베이터를 타고 35층에 도착한 후 140m길이의 에스컬레이터를 타고 다시 39층에 있는 유리로 뒤덮인 전망대를 지나 한 층을 더 올라가면 된다. 이곳에서 오사카의 아름다운 전경을 꼭 한번 감상해 보자.

🎁 쇼핑

하비스오사카 쇼핑센터
Herbis Osaka

▲ P34A3

🚇 한신혼센(阪神本線) 한큐우메다(阪急梅田)역 서쪽출구에서 도보3분 · JR칸죠센(環狀線), 고베센(神戸線), 교토센(京都線)이용, 오사카(大阪)역에서 하차, 사쿠라바시(桜橋)출구에서 도보5분

🏠 오사카시 키타구 우메다(大阪市北区梅田2-5-25)

📞 (06)6343-7500

🕐 지하 1층~4층: 11시~20시, 지하 2층: 11시~22시30분

하비스 오사카의 지하 1층과 2층에는 브랜드점이 입점해 있고, 3층은 다수의 여행사들이 세계 각국의 여행정보를 제공하고 있으며, 4층에는 가구를 전시하고 있다. 지하 2층에는 세계 각국의 요리를 맛볼 수 있는 레스토랑들이 있으며, 지하 정원인 가든씨티(Garden City)는 지하철우메다역, JR오사카역으로 통한다. 중앙 홀 2층에는 미색의 석벽에 대형 오르간이 설치되어 있어 정해진 시간에 자동으로 연주되는데, 은은한 악기소리와 아름다운 공간 및 조명이 어우러져 마치 유럽의 교회에 온 것 같은 느낌이 들 것이다.

텐진바시스지 상점가
天神橋筋商店街

- P34B2
- JR오사카칸죠센(大阪環状線) 텐마(天満)역에서 하차·지하철 타니마치센(谷町線), 사카이마치센(堺町線) 이용, 텐진바시스지로쿠쵸메(天神橋筋六丁目)역, 오기마치(扇町)역, 미나미모리마치(南森町)역에서 하차
- 오사카시 키타구 우메다 잇쵸메(大阪市北区梅田1丁目)
- 상점에 따라 영업시간 다름

텐진바시스지 상점가는 원래 오사카 텐만궁(天満宮)의 참배 길이었으나 점점 번화하면서 오사카에서 가장 긴 상점가가 되었다. 잇쵸메(一丁目)부터 핫쵸메(八丁目)까

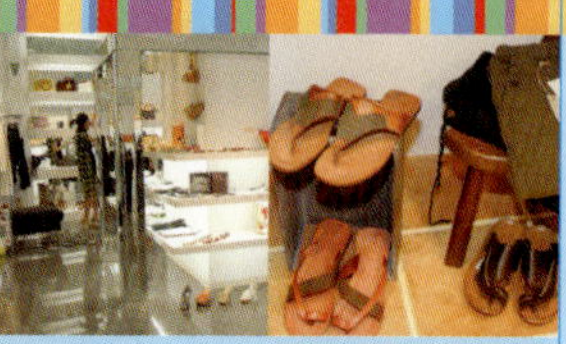

NU차야마치
NU茶屋町

- P34B1
- 한큐전철(阪急電鉄) 우메다(梅田) 차야마치(茶屋町)역에서 도보2분·지하철 미도스지센(御堂筋線) 우메다(梅田)역 1번 출구에서 도보4분·타니마치센(谷町線) 히가시우메다(東梅田)역 1번 출구에서 도보6분
- 오사카시 키타구 차야마치(大阪市北区茶屋町10-12)
- (06)6373-7371
- 쇼핑: 11시~21시, 레스토랑: 11시~24시
- 부정기 휴업

NU차야마치란 북우메다(North Umeda)와 신도시(New Urban)의 이니셜에서 따온 것이다. 번화하고 복잡한 우메다에서 한적한 여유로움을 즐길 수 있는 NU차야마치는 세련된 최신식 쇼핑센터로 70여개가 넘는 가게들이 모여 있다. 처음으로 칸사이지방에 진출한 브랜드도 있고, 처음으로 일본에 진출한 브랜드도 있다. 이곳은 오사카사람들의 새로운 라이프스타일을 잘 보여주고 있는 곳이다.

유니코
UNICO

- NU차야마치(NU茶屋町3F)
- (06)6377-3303

도쿄 다이칸야마 제1호점으로 시작한 유니코는 NU차야마치 3층에 위치하며 주로 가구를 취급하고 있다. 넓은 매장에 침실, 거실, 주방 등으로 테마를 나누어 전시하고 있어 고객들은 이곳에서 필요한 상품을 쉽게 찾아볼 수 있다. 대형 가구는 취급하지 않지만, 유럽, 미국 및 일본에서 엄선한 물건과 유니코에서 독자적으로 만든 것까지 심플하면서도 자연주의적인 생활 잡화들로 가득하다.

지 총 길이가 2.6km이며 아침부터 저녁까지 늘 시끌벅적하다. 입구에는 사천왕의 동상이 있고 위에는 빨간색의 새집이 여러 개 걸려 있어 눈에 확 띈다. 상점가 안에는 저렴하고 맛있는 음식을 파는 레스토랑도 많다.

오사카인들의 일상을 엿볼 수 있는 좋은 장소이다.

에이투지
A2G

🏠 NU차야마치(NU茶屋町2F)
☎ (06)6373-3161
💲 모자: ￥16,800, 티셔츠: ￥22,050부터

이곳의 점주는 쇼핑 마니아인데, 세계 각지에서 오사카사람들의 마음에 들 만한 옷을 엄선하여 들여온다. 유명한 D&G, REPLY부터 이탈리아 브랜드인 Roberta Cavalli, Just Cavalli등을 모두 이곳에서 만나볼 수 있다. 이곳의 제품은 모두 독특하고 재미있는 것을 기준으로 입고되는데, 중성적인 매력의 옷들도 있고, 우아하면서도 아름다운 옷도 있어 강렬하면서도 독특한 스타일이 만들어진다. 만약 당신이 다른 사람보다 튀고 싶어 하는 개성 넘치는 사람이라면 에이투지는 필수 쇼핑코스.

이탈 스타일
Ital Style

🏠 NU차야마치(NU茶屋町B1)
☎ (06)6377-2372
💲 정장: ￥81,900, 구두: ￥30,450 부터

교토에서 온 이탈스타일은 영국의 정통 스타일과 이탈리아의 세련된 스타일을 합쳐 놓은 의류브랜드로 유럽에서 가장 좋은 천을 사용한다. 80%가 남성복인 이곳은 정장 스타일의 옷이 인기가 많은데 겉으로 보면 심플해 보이지만, 동양인의 체형에 잘 맞게 디자인 되었다. 바느질 선부터 상표까지 조그마한 부분에서도 섬세한 디자인을 느낄 수 있다. 수량이 많지는 않지만 우아한 스타일의 여성복은 여유롭게 휴가를 즐기는 귀부인의 분위기를 연출할 수 있다.

와이어드 카페
Wired Café

🏠 NU차야마치(NU茶屋町2F)
☎ (06)6377-2399
🕐 월~목, 일,공휴일: 11시~24시, 금,토, 휴일 전날: 11시~익일3시
💲 멕시코화이타 ￥980부터

가게로 들어서는 계단 입구가 별도로 설치된 이곳은 식사, 데이트, 친구들이 모이는 아지트의 용도로 사용되는 곳으로, 푹신푹신한 소파에 앉아 자유롭게 식사를 즐길 수 있다. 멕시코화이타는 이 집의 대표메뉴인데, 밀전병에 게살을 싸서 특제 소스를 찍어 먹는 것으로, 어니언링과 함께 먹으면 아주 든든하다.

HEP FIVE

P34B2

한큐전철(阪急電鉄) 우메다(梅田)역 2번 출구, 지하철 미도스지센(御堂筋線) 우메다(梅田)역 6번 출구에서 도보3분

오사카시 키타구 스미다쵸(大阪市北区角田町5-15)

(06)6313-0501

쇼핑: 11시~21시, 레스토랑: 11시~23시, 관람차: 11시~22시 45분

셋째주 목요일

관람차 ¥500

www.livehep.com

꼭대기에 붉은 색의 관람차가 있는 HEP FIVE는 아주 멀리서도 잘 보이는데, 은색과 빨간색으로 되어 있는 화려한 외관이 다른 건물 속에서도 유독 눈에 띈다. HEP FIVE란 Hankyu Entertainment Park의 약자로 HEP FIVE와 HEP NAVIO의 두 건물이 연결된 백화점이다. 그 중 HEP FIVE는 주로 젊은 층을 타깃으로 한다. 9층높이의 건물에는 백 여 개의 매장이 모여 있는데 GAP, BEAMS, OZOC, SHIPS와 같은 유명 브랜드를 모두 만나볼 수 있다. 7층에 있는 관람차는 탑승 후 15분정도 소요되며, 날씨가 좋을 때는 오사카만까지 시야에 들어온다.

식당

타키미코지
滝見小路

△ P34A2

🚃 JR칸죠센(環状線), 고베센(神戸線), 교토센(京都線) 이용, 오사카(大阪)역에서 하차, 추오키타구치(中央北口)에서 도보 9분

🏠 오사카시 키타구 오요도나카 (大阪市北区大淀中1-1-88B1)

🕐 11시30분~22시, 가게에 따라 다름

休 각 상점마다 다름

　신우메다씨티의 지하1층에 위치한 먹자골목 타키미코지는 시간이 거꾸로 흐른 듯한 모습이다. 타이쇼(大正), 쇼와(昭和)시대의 오사카 거리를 재현해 놓고 있어 신우메다씨티의 현대화된 모습과 묘한 조화

를 만들어낸다. 내부에는 옛날 포스터, 우체통, 클래식카가 있고 바닥 역시 당시의 돌길로 되어 있다. 또 오사카의 서민 음식을 주로 취급하는 유명한 맛집들이 입점해 있어, 돈가스덮밥, 오코노미야키, 라면, 타코야키 등을 모두 맛 볼 수 있다. 교통의 요지에 위치해 있기 때문에 이곳은 언제나 관광객들로 넘쳐난다. 오사카의 정취를 듬뿍 느끼고 싶다면 타키미코지에 꼭 가보자.

키지
木地

△ P34A2

🚃 JR 칸죠센(環状線), 고베센(神戸線), 교토센(京都線)이용, 오사카(大阪)역에서 하차, 중앙 출구에서 도보10분

🏠 오사카시 키타구 오요도나카 신우메다씨티(大阪市北区大淀中1-1-90新梅田CITY)

☎ (06)6440-5970

🕐 11시 30분~21시 30분

休 목요일

💲 콩나물돼지고기: ¥680, 모던야키: ¥750부터

　신우메다씨티의 타키미코지에 있는 키지는 유명한 오코노미야키 전문점이다. 1969년에 개점하였고 오사카시내에 2개의 점포가 있으며 동경에도 진출하여 칸토(関東: 관동)지역 사람들도 본고장의 맛을 접할 수 있게 됐다. 자신의 성을 가게이름으로 삼은 주인은 사실 식재료나 기술 등은 그다지 고집하지 않지만 칸사이진(関西人: 관서인)의 열정을 담아 오코노미야키를 먹는 모든 사람들에게 전달하고 싶다고 한다. 그런 그의 친절한 마음은 이곳을 찾는 사람들을 감동시킨다.

나니와교자스타디움

なにわ餃子スタジアム

P34B2

한큐전철(阪急電鉄), 지하철 미도스지센(御堂筋線) 이용, 우메다(梅田)역에서 하차, 중앙 출구에서 도보5분·JR칸죠센(環状線), 고베센(神戸線), 교토센(京都線) 이용, 오사카(大阪)역에서 하차, 미도스지(御堂筋) 출구에서 도보7분

오사카시 키타구 코마츠바라쵸 OS빌딩(大阪市北区小松原町3-3OSビル3F)

(06)6313-0765

11시~23시

철판 교자8개: ￥480

www.namco.co.jp/tp/naniwagyoza

나니와교자스타디움은 일본의 전문 푸드테마파크인 남쟈월드(Namja World)가 디자인한 곳으로 일본 각지에 관련 푸드 테마파크가

미후네

美舟

P34B2

지하철 타니마치센(谷町線) 히가시우메다(東梅田)역에서 도보5분

오사카시 키타구 코마츠바라쵸(大阪市北区小松原町1-17)

(06)6361-2603

12시~22시30분

사누키우동시코쿠야

さぬきうどん四国屋

P34A3

지하철 요츠바시센(四つ橋線) 니시우메다(西梅田)역 10번 출구에서 도보5분

오사카시 키타구 우메다(大阪市北区梅田2-5-2B1)

(06)6341-4598

11시~22시, 토: 11시~21시, 일,휴일: 11시~20시

카레우동 ￥770

이곳의 우동을 먹고 싶다면 오후 시간은 되도록 피하는 것이 좋다. 점심시간에는 근처 사무실의 직장인들이 대거 몰려와 합석하는 경우도 흔히 일어난다. 면은 20분간 끓여서 익히는 것을 원칙으

로 하고 있기 때문에, 면발이 무르지도 않고 딱딱하지도 않아 적당히 쫄깃하다. 강력추천 메뉴인 카레우

있다. 도쿄 이케부쿠로의 교자스
타디움과 자매매장으로 일본 전역
의 교자 전문점들이 모여 있다. 큐
슈의 하카타(博多), 오키나와(沖縄),
토호쿠(東北)의 야마가타(山形), 교
토(京都), 나라(奈良), 효고(兵庫),
시가(滋賀)등지에서 온 가게, 또 물
론 오사카 현지의 교자가게도 입점
해 있다. 교자의 무게가 40g에 달
하는 커다란 소고기 교자부터 만두
속이 촉촉한 물교자까지 다양한 종
류의 교자를 만나볼 수 있다.

休 부정기 휴업

$ 야키소바: ￥800

　미후네는 오코노미야키 전문점이
다. 50여년의 맛을 고수해 온 이곳
은 모든 테이블마다 커다란 철판과
구식 레스토랑의 높은 등받이 의자
가 놓여져 있다. 신기한 의자, 테이
블에서 역사의 독특한 향기가 느껴
진다. 오코노미야키는 워낙 보편적
인 음식이어서 대부분의 오사카 사
람들은 종업원이 도와주지 않아도
직접 만들어 먹지만, 외국여행객들
에게는 뒤집어야 할 때까지 알려주
며 구워주기 때문에 친절한 서비스
를 받으며 맛있게 먹을 수 있다. 미
후네가 독자적으로 개발한 소스로
볶은 야키소바 역시 한번쯤 꼭 먹
어봐야 할 별미이다.

동은 전분을 전혀 사용하지 않은
쫄깃한 면발과 독자적인 비법으로
배합된 카레향이 어우러져 그 맛이
일품이다. 또 면을 다 먹고난 뒤 국
물에 밥을 말아먹으면 더욱 맛있
다.

Ｈ 숙박

호텔프라자 오사카
Hotel Plaza Osaka

 P34A1

 한큐전철(阪急電鉄) 쥬소(十三)
역 서쪽출구에서 도보5분

 오사카시 요도가와구 신키타노
(大阪市淀川区新北野1-9-15)

 (06)6303-1000

 (06)6303-0550

 ￥5,145〜￥8,715부터

 www.plazaosaka.com

　호텔 플라자 오사카는 쥬소(十三)
역 근처에 위치하고 있다. 호텔 옆
으로는 요도가와(淀川)가 흐르고
있어 오사카에서 가장 유명한 수도
경관을 볼 수 있을 뿐 아니라, 매년
8월 개최되는 불꽃놀이 대회의 화
려한 야경도 감상할 수 있다. 한큐
전철은 오사카를 교토와 고베로 연
결시키는 중요한 철도이고 쥬소역
은 한큐전철의 주요 역 중 하나이
다. 이곳에서 환승할 필요 없이 한
번에 고베의 번화가인 산노미야(三
の宮)역과 교토의 가와라마치(河原
町)역까지 갈 수 있다. 교토, 고베까
지 갈 계획이 있는 여행객에겐 매
우 편리하다.

호텔 일몬테　Hotel ILMONTE

 P34B2

 오사카시 키타구 도야마쵸(大
阪市北区堂山町7-13)

 (06)6361-2828

 ￥7,500〜￥16,000

 www.ilmonte.co.jp

마츠바총본점

松葉総本店

- P34B2
- 한큐전철(阪急電鉄) 우메다(梅田)역에서 도보5분
- 오사카시 키타구 스미다쵸 신우메다쇼쿠도가이내(大阪市北区角田町9-25新梅田食道街內)
- (06)6312-6615
- 14시~22시, 토,휴일: 12시~21시 24분, 알: 11시30분~21시35분
- 꼬치튀김: ¥100부터

한큐전철(阪急電鉄) 우메다역에 있는 신우메다쇼쿠도가이는 서민 음식으로 가득한 거리이다. 쇼와 (昭和) 25년부터 백 여 개에 가까운 음식점들이 모여 있으며, 수많은 오사카의 맛이 이곳에서 시작됐다. 튀김꼬치를 파는 마츠바는 역 옆에 위치하고 있는데, 좌석 없이 서서 꼬치를 먹는다. 사람들로 발 디딜 틈 없는 이곳에서 현지인들과 꼬치를 먹는 것도 새로운 경험이 될 것이다. 항상 웃는 얼굴로 손님들을 대하는 주인아주머니의 추천메뉴는 소고기 튀김꼬치이다. 그 외 야채, 해산물, 닭고기 등, 자기 입맛에 맞는 꼬치를 골라 먹을 수 있다.

식당

H 숙박

호텔 랜드마크 우메다
Hotel Landmark 梅田

- P34B2
- 오사카시 키타구 시바다(大阪市北区芝田2-3-22)
- (06)6375-8111
- ¥8,400~¥16,500
- www.landmarkumeda.jp

오사카 야요이회관
大阪弥生会館

- P34B1
- 오사카시 키타구 시바다(大阪市北区芝田2-4-53)
- (06)6373-1841
- ¥16,820~¥11,440

호텔 썬루트 우메다
Hotel Sunroute 梅田

- P34B2
- 오사카시 키타구 토요사키(大阪市北区豊崎3-9-1)
- (06)6373-1111
- ¥8,820~¥17,850
- www.hotelsunroute.co.jp/umeda/

라마다 호텔 오사카
Ramada Hotel 大阪

- P34B1
- 오사카시 키타구 토요사키(大阪市北区豊崎3-16-19)
- (06)6372-8181
- ¥16,170~¥34,650
- www.ramada-osaka.com/

호텔 킨키 Hotel 近畿

- P34B2
- 오사카시 키타구 도야마쵸(大阪市北区堂山町17-8)
- (06)6312-9117
- ¥4,500~¥9,000
- hotelkinki.com

신사이바시

心斎橋 Shinsaibashi

오사카 남쪽의 쇼핑센터는 거의 신사이바시 일대에 집중되어 있다. 백 여 년의 역사를 가진 쇼핑거리로서 SOGO와 같은 유명 백화점들이 신사이바시에서 출발했다. 옛날의 오사카 상인들은 지금은 지하철이 되어버린 운하를 통해 물건을 이곳으로 가져와 거래했으며, 번화한 풍경은 지금까지 유지되어 백화점, 레스토랑, 각종 보세가게들로 가득하다. 신사이바시스지 상점가에는 200여개가 넘는 상점, 레스토랑이 들어서 있으며, 푸른 나무들이 가득한 미도스지에는 오사카에서 Fendi, Dior, Louis Vuitton등 세계적으로 유명한 브랜드들이 입점해 있다. 거리의 폭이 넓고 쾌적하여 하루 종일 이곳에서 쇼핑을 해도 지루하지 않을 것이다.

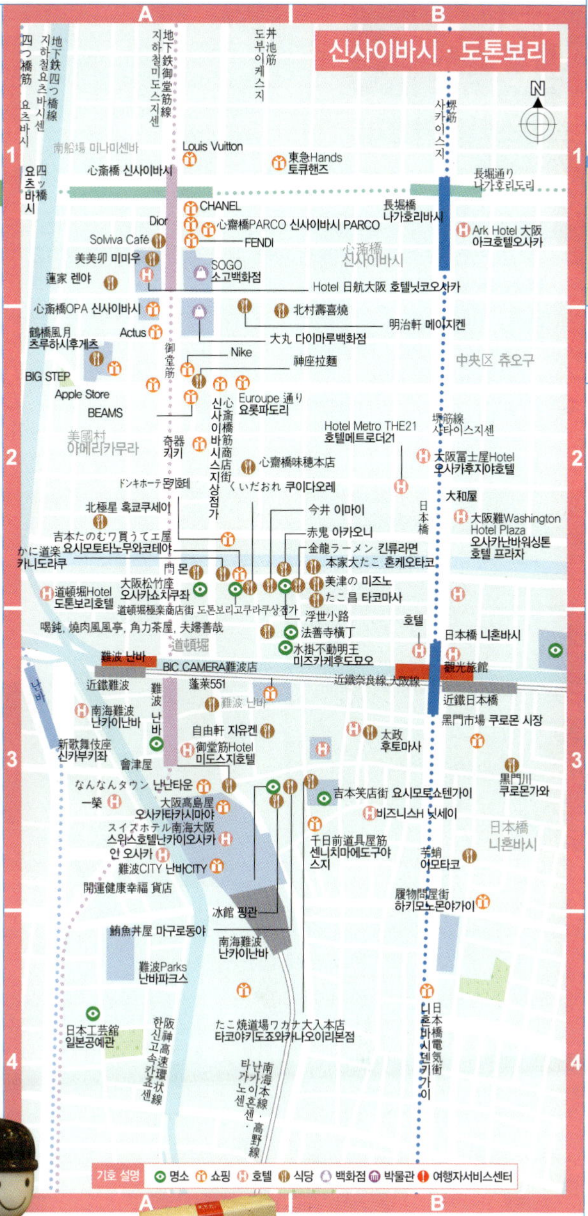

명소

A **B**

地下鉄四つ橋線 지하철요쓰바시센
四つ橋筋 요쓰바시
地下鉄御堂筋線 지하철미도스지센
井池筋 도부이케스지

N

南船場 미나미센바
心斎橋 신사이바시
四ツ橋 요쓰바시

Louis Vuitton
東急Hands 토큐핸즈

長堀通り 나가호리도리
長堀橋 나가호리바시

CHANEL
Dior
心齋橋PARCO 신사이바시 PARCO
Ark Hotel 大阪 아크호텔오사카

Solviva Café
FENDI
心齋橋 신사이바시

美美卯 미미우
SOGO 소고백화점
蓮家 렌야
Hotel 日航大阪 호텔닛코오사카

心斎橋OPA 신사이바시 OPA
鶴橋風月 츠루하시후게츠
Actus
北村壽喜燒
明治軒 메이지켄
大丸 다이마루백화점
御堂筋
Nike
神座拉麵 신자라멘
中央区 츄오구

BIG STEP
Apple Store
BEAMS

美國村 아메리카무라
奇器館 키키
心斎橋筋商店街 신사이바시스지상점가
Euroupe 通り 요롯파도리
Hotel Metro THE21 호텔메트로더21
堺筋線 샤타이스지센

心齋橋味穂本店
大阪冨士屋Hotel 오사카후지야호텔

ドンキホーテ 돈키호테
くいだおれ 쿠이다오레
大和屋

北極星 혹쿄쿠세이
今井 이마이
大阪難Washington Hotel Plaza 오사카난바워싱톤호텔 프라자

吉本たのむ ワ買うて工屋 요시모토타노무와코테야
赤鬼 아카오니
金龍ラーメン 킨류라멘
日本橋

かに道楽 카니도라쿠
門 몬
本家大たこ 혼케오타코

大阪松竹座 오사카쇼치쿠좌
美津の 미즈노
たこ昌 타코마사

道頓堀極楽商店街 도톤보리고쿠라쿠상점가
浮世小路
道頓堀Hotel 도톤보리호텔

喝鈍, 燒肉風風亭, 角力茶屋, 夫婦善哉
法善寺橫丁
水掛不動明王 미즈카케후도묘오
日本橋 니혼바시

道頓堀

難波 난바
BIC CAMERA難波店
近鐵奈良線 大阪線
호텔
觀光旅館

近鐵難波
蓬萊551
難波 난바
近鐵日本橋

新歌舞伎座 신카부키좌
南海難波 난카이난바
自由軒 지유켄
黑門市場 쿠로몬 시장

御堂筋Hotel 미도스지호텔
太政 후토마사

なんなんタウン 난난타운
吉本笑店街 요시모토쇼텐가이
黑門川 쿠로몬가와

一榮
大阪高島屋 오사카타카시마야
비즈니스H 닛세이
日本橋 니혼바시

スイスホテル南海大阪 스위스호텔난카이오사카 안 오사카
千日前道具屋筋 센니치마에도구야스지
芳蛸 아모타코

難波CITY 난바CITY
履物問屋街 하키모노몬야가이

開運健康幸福 貨店

冰館 핑관

鮪魚井屋 마구로동야
南海難波 난카이난바

難波Parks 난바파크스

日本工芸館 일본공예관
한阪神高速環状칸죠센
たこ焼道場ワカナ大入本店 타코야키도죠와카나오이리본점
日本橋電氣街 니혼바시덴키가이

南海本線 난카이혼센 · 高野線 타카노센

기호 설명 ● 명소 ⊕ 쇼핑 ⊕ 호텔 ⊕ 식당 ⊕ 백화점 ⊕ 박물관 ⊕ 여행자서비스센터

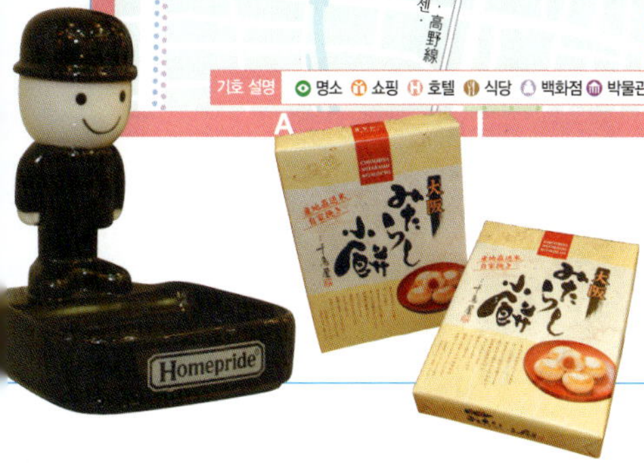

쇼핑

크리스타나가호리
CRYSTA長堀

- P47A1
- 지하철 미도스지센(御堂筋線), 나가호리츠루미료쿠치센(長堀鶴見緑地線), 요츠바시센(四つ橋線) 이용, 신사이바시(心齋橋)역, 나가호리바시(長堀橋)역, 요츠바시(四つ橋)역에서 하차
- 오사카시 츄오구 미나미센바 욘쵸메 나가호리지하도(大阪市中央区南船場4丁目長堀地下街)
- (06)6282-2100
- 쇼핑: 11시~21시, 일: 11시~20시30분, 레스토랑: 11시~20시, 일부상점: 11시~23시
- 12. 31~1. 1, 2월 셋째 주 월요일

730m길이의 일본에서 가장 긴 지하상가인 이곳은 나가호리도리에 위치하고 있으며 3개의 지하철역과 연결되는 곳이다. 물보라같이 투명한 천장 때문에 크리스타(CRYSTA)라는 이름이 붙게 되었으며, 쇼핑센터 내의 작은 시내와 폭포들이 과거 물의 도시였던 나가호리의 모습과 분위기를 자아낸다.

다이마루백화점
大丸

- P47A2
- 지하철 미도스지센(御堂筋線), 나가호리츠루미료쿠치센(長堀鶴見緑地線)이용, 신사이바시(心齋橋)역에서 하차, 6번출구에서 바로
- 오사카시 츄오구 신사이바시스지(大阪市中央区心齋橋筋1-7-1)
- (06)6271-1231
- 11시~20시, 2~4층, 8층: 11시~20시30분, 남관 8층 미술전시장: 11시~19시30분

1726년에 문을 연 다이마루백화점은 오래된 예술품처럼 고풍스런

소고백화점
SOGO

- P47A2
- 지하철 미도스지센(御堂筋線), 나가호리츠루미료쿠치센(長堀鶴見緑地線)이용, 신사이바시(心齋橋)역에서 하차, 5번 출구

여기에서는 지하에 있다는 느낌이 전혀 들지 않는데, 햇빛이 많이 비쳐 들어오도록 디자인되었고, 널찍하게 오픈되어있기 때문이다. 100여 곳에 가까운 가게들은 외관 역시 예술적으로 뛰어나서 걸음을 멈추고 자세히 구경하면 다양한 즐거움을 만끽할 수 있을 것이다.

분위기를 자아낸다. 현대적인 감각의 내부와는 달리 입구에 있는 화려한 공작 모양의 장식과 유럽풍의 외관은 다이마루백화점의 오래된 역사를 그대로 보여주고 있다. 남관 8층에 있는 미술전시장에서는 각종 전통 예술품을 전시하기도 한다.

에서 바로
오사카시 츄오구 신사이바시스지
(大阪市中央区心齋橋筋1-8-3)
(06)6281-3311
10시~20시30분, 13층 레스토랑: 10시~22시
休 1. 1

역사가 오래된 SOGO백화점은 최근 리모델링하여 모던한 스타일의 백화점으로 완전히 탈바꿈했다. 13층에 위치한 레스토랑에는 칸사이 지방의 유명한 요리전문점들이 입점해 있고 옥상에는 공중화원이 있어 휴식을 취할 수 있다.

액터스
ACTUS

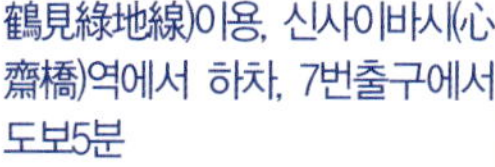

 P45A2

 지하철 미도스지센
(御堂筋線), 나가호
리츠루미료쿠치센(長

鶴見綠地線)이용, 신사이바시(心
齋橋)역에서 하차, 7번출구에서
도보5분

 오사카시 츄오구 신사
이바시(大阪市中央区
心齋橋1-4-5)

애플스토어
Apple Store

 P45A2

 지하철 미도스지센(御堂筋線),
나가호리츠루미료쿠치센(長堀鶴
見綠地線)이용, 신사이바시(心齋
橋)역에서 하차, 7번 출구에서 도
보3분

 오사카시 츄오구 신사이바시

(大阪市中央区心齋橋1-5-5)

 (06)4963-4500

 11시~20시

 2004년 오픈한 애플스토어 신
사이바시점은 칸사이 지방 유일의
직영점이다. 오픈 당시, 문을 열자
마자 며칠 전부터 밤을 새고 기다
렸던 2500명의 사람들로 매장이
가득 메워지기도 했다. 매장전면

산리오 갤러리
Sanrio Gallery

 P47A2

 지하철 미도스지센(御堂筋線),
나가호리츠루미료쿠치센(長堀
鶴見綠地線)이용, 신사이바시
(心齋橋)역에서 하차, 6번 출구
에서 도보4분

 오사카시 츄오구 신사이바시

(06)6241-1551

11시~20시

(休) 부정기 휴업

액터스(Actus)는 사람과 사물, 가구의 이상적인 관계를 기본 주제로 삼아 평범하면서도 쾌적한 생활을 목적으로 하고 있다. 신사이바시점은 녹음이 우거진 미도스지에 위치하고 있으며 채광이 매우 좋다. 고객들은 자연친화적이고 모던한 생활용품을 선택할 수 있으며, 삶의 질을 높이고자 하는 많은 현지인들에게 인기가 높다.

외벽에는 애플사 로고인 은색의 사과모양이 있고, 1층은 전자 제품, 2층은 전문서적과 소프트웨어를 판매한다. 또 20개의 좌석이 있는 극장이 있어 Apple사의 디지털 영상기술을 직접 체험해볼 수 있다.

라 파레트
La Palette

P47A3

지하철 미도스지센(御堂筋線), 나가호리츠루미료쿠치센(長堀鶴見緑地線)이용, 신사이바시(心齋橋)역에서 하차, 6번 출구에서 도보3분

오사카시 츄오구 신사이바시스지(大阪市中央区心齋橋筋2-1-24)

(06)6212-7802

월~토: 11시~21시30분, 일 공휴일: 11시~20시(상황에 따라 더 일찍 닫을 수 있음)

(休) 부정기 휴업

옅은 커피색의 벽돌과 흰색, 빨간색이 교차된 차양으로 되어 있는 2층짜리 건물은 신사이바시역 주변 건물 중 가장 눈에 띄는 곳이다. 유럽의 분위기로 가득한 길모퉁이에 자리한 라 파레트는 1981년에 문을 열었고, 자신감 넘치는 생활을 주제로 하여 다양한 종류의 생활용품과 잡화를 판매한다. 1층은 주로 의류와 액세서리 용품을 판매하는데 수공예 지갑과 화려한 색의 양산이 여성들에게 사랑받고 있다. 2층은 문구류와 생활용품 및 아동복을 판매한다.

스지(大阪市中央区心齋橋筋1-5-2)

(06)6258-9804

11시~20시30분

(休) 1. 1

남녀노소 모두가 좋아하는 헬로키티. 신사이바시스지 상점가에 자리하고 있는 산리오 갤러리의 문에는 어린아이 키 정도의 헬로키티가 들어오는 손님을 맞이하고 있다. 또 입구에는 끊임없이 다채로운 색으로 변하는 조명이 있어 마치 동화의 나라로 들어서는 것 같다. 매장 안에서는 각종 산리오 패밀리의 캐릭터상품들 뿐만 아니라 2006년에 출시된 미래형 키티 로봇과 같은 수많은 계절한정 상품들이 당신을 기다리고 있다.

와노나노
Wano Nano

- P47A3
- 지하철 미도스지센(御堂筋線), 나가호리츠루미료쿠치센(長堀鶴見綠地線)이용, 신사이바시(心齋橋)역에서 하차, 5번 출구에서 도보3분
- 오사카시 츄오구 신사이바시스지(大阪市中央区心齋橋筋 1-2-14)
- (06)4963-9880
- 11시~21시, 일:11시~20시
- 샌들 ¥15,450부터
- www.himiko.co.jp/wanonano.html

유명한 신발브랜드인 히미코의 플래그십 매장인 와노나노는 일본의 동북지역 사투리로 '너의, 나의'라는 뜻이다. 매장 내에는 다양한 상품이 진열되어 있어 소비자가 원하는 스타일은 거의 모두 갖추고 있다. 신사이바시 매장과 히미코는 서로 연결되어 있는데, 1층은 계절에 맞는 신발을 판매하고 2층에서는 큰 사이즈의 신발을 판매한다. 발이 조금 큰 여성들도 이곳에서는 망설임 없이 귀여운 스타일의 신발을 구입할 수 있다.

키키
奇器

- P45A2
- 지하철 미도스지센(御堂筋線), 나가호리츠루미료쿠치센(長堀鶴見綠地線)이용, 신사이바시(心齋橋)역에서 하차, 6번 출구에서 도보5분
- 오사카시 츄오구 신사이바시스지(大阪市中央区心齋橋筋 2-7-26)
- (06)6214-1817
- www.kiki2.show-buy.jp

신사이바시스지상점가의 후지야에서 미도스지방향으로 가다 보면 귀엽고 조그마한 가게인 키키를 만나게 된다. 간판의 글씨가 매우 독특하고 입구에 걸려있는 방울이 끊임없이 소리를 내며 사람들을 잡아끈다. 매장 내에 있는 도자기 접시는 모두 독창적으로 만들어진 수공예작품으로 귀엽고 심플하며 스타일이 매우 다양하다. 또 일본식 식기들이 많이 있는데, 그중에서도 각양각색의 젓가락들이 인기 만점이다.

신사이바시스지 상점가

心斎橋筋商店街

P45A2

지하철 미도스지센(御堂筋線), 나가호리츠루미료쿠치센(長堀鶴見緑地線)이용, 신사이바시(心斎橋)역에서 하차, 4번 출구에서 바로

오사카시 츄오구 신사이바시스지(大阪市中央区心斎橋筋)

신사이바시스지상점가조합 (06)6211-1114

신사이바시의 주요한 쇼핑코스는 모두 신사이바시스지 상점가일대에 집중되어 있다. 지붕이 덮여 있기 때문에 이곳에서 쇼핑을 하면 비에 젖을 염려가 없다. 이곳의 상점들은 기본적으로 근처의 미도스지와 비교해봤을 때 가격이 저렴하다. 메인도로에서부터 뻗어 있는 조그마한 골목들이 더욱 독특한 분위기를 자아낸다. 그 외에 유명한 맛집들이 많아 항상 손님들로 북적거린다.

식당

소르비바 카페
Solviva Cafe

P45A1

지하철 미도스지센(御堂筋線), 나가호리츠루미료쿠치센(長堀鶴見緑地線)이용, 신사이바시(心斎橋)역 7번 출구에서 도보 3분

오사카시 츄오구 신사이바시

칸에이도
寛永堂

P47A4

지하철 센니치마에센(千日前線), 미도스지센(御堂筋線), 요츠바시센(四つ橋線)이용, 난바(難波)역에서 하차, 14번 출구에서 도보7분

오사카시 츄오구 신사이바시스지(大阪市中央区心斎橋筋 2-3-19)

(06)6213-6630

10시~21시

개업한지 370년이 훌쩍 넘은 칸에이도(寛永堂)는 신사이바시 남쪽, 에비스바시(戎橋)부근에 위치하고 있다. 이곳에서 가장 유명한 것은 일본에서 흔히 볼 수 있는 화과자와 비슷한 구운 찹쌀 경단이다. 당일 현지에서 직송된 고급 찹쌀로 만들기 때문에 쫄깃쫄깃한 맛이 으뜸이고, 한입 깨물면 달짝지근한

류구테이
龍宮亭

P47A3

지하철 미도스지센(御堂筋線), 나가호리츠루미료쿠치센(長堀鶴見緑地線)이용, 신사이바시(心斎橋)역에서 하차, 6번 출구에서 도보7분

오사카시 츄오구 신사이바시스지(大阪市中央区心斎橋筋 2-5-2)

(大阪市中央区心斎橋1-2-4)
- (06)6241-5757
- 7시30분~22시30분
- 유기농 야채 샌드위치: ¥290,
  유기농 망고: ¥400
  부터

소르비바 카페는 칸사이 지방을 찾아오는 관광객들에게는 상당히 유명한 곳이다. Solvivia는 라틴어의 "태양"과 "만세"를 결합한 단어로 가장 천연의 것을 제공한다는 이념을 담고 있다. 그래서 어떠한 첨가물도 넣지 않은 엄선된 유기농 식재료를 사용하는데, 브라질 커피 농장인 〈모리의커피〉, 나라의 돈육 등, 식재료의 종류와 생산자까지 표시하고 있어 안심할 수 있다.

소스가 흘러나온다. 이밖에 역사에서 유래한 치도리만쥬(千鳥饅頭)도 유명한데. 전통방법으로 구워 만쥬의 겉 껍질은 바삭하지만 입에 들어가면 살살 녹아내리는 듯하고, 팥소는 촉촉하다. 화과자를 좋아하는 사람은 꼭 먹어봐야 한다.

- (06)6212-9960
- 배부를 때까지 먹는 초밥: 성인남성 ¥1,500, 성인여성 ¥1,200, 초등학교 고학년 ¥1,000, 초등학교 저학년 ¥700, 3세 이상 ¥500

대도시에 있는 많은 뷔페식(타베호다이: 食べ放題) 회전초밥 가게 중에 저렴하고 신선한 식재료를 제공하는 곳은 매우 드물다. 그러나 류구테이는 언제나 40종 이상의 신신한 해산물과 소고기, 오리고기 및 디저트까지 준비하고 손님을 맞이한다. 신사이바시에서는 모르는 사람이 없는 곳이니만큼 줄을 서서 기다려야 먹을 수 있다. 모든 초밥을 제한시간 없이 마음껏 먹을 수 있기 때문에 주말에는 천명이 넘는 사람들이 몰려든다. 이곳에서 한 끼를 해결하고 싶다면, 평일 오후에 가는 것이 좋다.

쿠시야모노가타리

串家物語

 P47A1

 지하철 미도스지센(御堂筋線), 나가호리츠루미료쿠치센(長堀鶴見綠地線)이용, 신사이바시(心齋橋)역에서 하차, 5번 출구에서 도보3분

 오사카시 츄오구 신사이바시스지 미야플라자 신사이바시(大阪市中央区心斎橋筋 1-3-29Miyaplaza心斎橋6F)

 (06)6120-4894

 16시~23시

 90분 제한, 배부를 때까지 먹기: ￥2,625, 음료(무한정리필): ￥1,050(알코올음료), ￥525(무알코올음료)

 꼬치는 오사카의 유명한 서민요리이다. 뷔페식인 이곳은 카운터에

렌야

蓮家

 P45A1

 지하철 미도스지센(御堂筋線), 나가호리츠루미료쿠치센(長堀鶴見綠地線)이용, 신사이바시(心齋橋)역에서 하차, 7번 출구에서 도보2분

 오사카시 츄오구 신사이바시(大阪市中央区西心齋橋 1-10-14)

 (06)6120-5350

 점심: 11시30분~15시, 저녁: 월~토 17시~24시 일 공휴일 17시~23시

신사이바시아지호본점

心齋橋味穗本店

 P45A2

 지하철 미도스지센(御堂筋線), 나가호리츠루미료쿠치센(長堀鶴見綠地線)이용, 신사이바시(心齋橋)역에서 하차, 6번 출구에서 도보3분

 오사카시 츄오구 신사이바시(大阪市中央区心齋橋2-2-15)

 (06)6211-0352

 18시~익일2시

 일요일 및 공휴일

 아지호의 타코야키는 주문 즉시 만들기 때문에 10분정도 기다려야

서 먼저 음료를 결정한 후, 접시를 들고 바에 가서 30종 이상의 엄선된 제철재료를 선택한다. 그런 다

음 밀가루반죽을 묻혀서 기름 냄비에 넣고 튀김옷이 황금색이 될 때까지 기다렸다가 먹으면 된다. 독자적으로 개발한 특제소스를 식재료에 따라 선택할 수도 있고, 신선한 야채와 과일도 모두 갖추어 놓고 있다.

🅢 일본식세트: ￥4,500(무한정음료리필)

신사이바시 오사카 닛코호텔 옆에 위치하고 있다. 얼마 전 리모델링을 마쳤는데, 외관의 지붕은 일본식이며, 내부는 동남아의 리조트 분위기로 꾸며 놓았다. 중앙에는

햇빛이 실내로 곧바로 들어오도록 설계했으며, 모던한 분위기 때문에 젊은 연인들이 많이 찾는다. 퓨전스타일의 일본요리 위주로, 대표메뉴는 계절에 맞춰 엄선된 일본 각지의 식재료에 따라 변한다. 교토의 야채, 세토나이카이(瀨戶內海)의 해산물, 나니와(浪速)의 다시마 등의 재료를 사용하며, 아시아요리, 일본요리, 중국요리, 서양요리 등 각 요리사들의 솜씨가 어우러져 다양한 맛을 만들어낸다. 가격이 조금 비싸다고 생각된다면 런치세트를 이용해 보자. ￥850부터 다양하게 있는데, 맛있는 일본요리를 맛볼 수 있다.

하는데도, 손님들이 매우 많다. 아지호는 아카시야키에 속하는 타코야키로 직경이 무려 4cm이며, 쫄깃한 문어와 바삭한 파를 넣어 만든다. 타코야키를 먹을 때는 소스를 얹어서 먹는 것보다 담백한 국물에 넣었다가 먹으면 더욱 맛이 좋다.

미미우
美美卯

P45A1

지하철 미도스지센(御堂筋線) 혼마치(本町)역 2번 출구에서 도보5분

오사카시 츄오구 혼마치(大阪市中央区本町4-6-4)

☎ (06)6261-7241

🕐 11시30분~21시30분

休 부정기 휴업

💲 ¥4,000부터

🌐 www.mimiu.co.jp

미미우의 우동샤브샤브는 오사카의 독특한 요리중 하나로, 바로 이곳에서 시작되었다. 우동과 함께

혼케카와후쿠본점
本家川福本店

지하철 미도스지센(御堂筋線), 나가호리츠루미료쿠치센(長堀鶴見緑地線)이용, 신사이바시(心齋橋)역에서 하차

오사카시 츄오구 히가시신사이바시(大阪市中央区東心齋橋1-14-17)

☎ (06)6241-9125

🕐 11시~3시, 일요일 및 공휴일: 11시~24시

💲 튀김히야시우동 ¥1,533, 우동 ¥693부터

이곳에 오면 차갑게 먹는 히야시우동을 추천하고 싶다. 둥글고 두꺼운 면이 입으로 들어가 목구멍으로 넘어가는 느낌이 아주 부드럽

아스키
明日

P47A3

지하철 미도스지센(御堂筋線), 나가호리츠루미료쿠치센(長堀鶴見緑地線)이용, 신사이바시(心齋橋)역에서 하차, 6번 출구에서 도보7분

메이지켄
明治軒

P45A2

지하철 미도스지센(御堂筋線), 나가호리츠루미료쿠치센(長堀鶴見緑地線)이용, 신사이바시(心齋橋)역에서 하차, 6번 출구에서 도보1분

오사카시 츄오구 신사이바시(大阪市中央区心齋橋1-5-23)

☎ (06)6271-6761

🕐 11시~22시

💲 오므라이스: ¥650

쇼와(昭和) 원년에 오픈한 메이지켄은 오사카 신사이바시에서 유명한 양식점으로 외관에서부터 내부까지 고풍적인 분위기가 가득하다. 대표 메뉴인 오므라이스는 부드럽고 향이 좋으며, 그 위에 뿌리는 소스는 케첩을 기본으로 하여, 와인과 소고기, 양파 등을 함께 넣어 이틀간 끓여

조개, 새우, 닭고기 등, 풍부한 재료를 냄비에 넣는다. 또 고급 식재료를 사용하며, 끊임없는 열정을 가지고 연구를 거듭한 결과, 널리 사랑을 받게 되었다. 일본의 유명한 소설가이자 미식가인 타니자키 준이치로(谷崎潤一郎)역시 미미우의 단골손님이다.

다. 튀김과 우동은 주문을 받는 즉시 조리하며, 튀김은 따로 소스 없이 직접 우동 국물에 찍어 먹는다. 씹는 맛이 일품인 참마우동은 이 집의 대표 메뉴이다.

오사카시 츄오구 신사이바시(大阪市中央区心齋橋2-2-31)

(06)6211-3623

평일: 11시~5시, 일요일 및 공휴일: 11시~16시

신사이바시에서도 번화한 지역에 위치한 아스키우동은 식재료를 매우 중요시한다. 홋카이도산 미역과 4가지 종류의 다랑어를 함께 우려내어 국물 맛이 매우 깊고, 자체제작하는 얇은 면발은 부드럽고 퍼지지 않는다. 카키아게우동은 감을 얇게 썰어 구워 넣기 때문에 과일의 단 맛이 나며, 키자미와카메우동은 유부와 미역을 함께 넣은 참살이 음식이다. 또 니쿠토지우동은 면 위에 고기와 달걀을 듬뿍 넣은 것으로 모두 인기 만점 메뉴이다.

내어 완성한 것이다. 달인의 기술이 담긴 계란 부침과 함께 어우러지는 소스의 향이 일품이다. 오므라이스에 튀김 꼬치를 함께 시킬 수 있어 두 가지의 일본 국민 음식을 동시에 즐길 수 있다.

홉쿄쿠세이

北極星

P45A2

지하철 센니치마에센(千日前線), 미도스지센(御堂筋線) 이용, 요츠바시(四つ橋線) 난바(難波)역에서 하차, 25번출구에서 도보5분

오사카시 츄오구 신사이바시(大阪市中央区西心齋橋 2-7-27)

(06)6211-7829

11시30분~21시30분

닭고기 오므라이스 ¥682

어른, 아이 모두가 좋아하는 오므라이스는 1926년 오사카 신사이바시의 홉쿄쿠세이에서 시작되었다고 한다. 제 1대 주인이 어느 날 프랑스에서 온 손님이 계란지단과 밥을 함께 먹는 것을 보고 착안하여 케첩을 넣어 밥을 볶아 얇게 구운 지단 안에 넣어 만든 것이 오늘날 오므라이스의 시초인 것이다. 그 후 이곳은 다양한 종류의 메뉴를 늘려 인기 있는 양식점이 되었다. 가장 전형적인 맛의 닭고기 오므라이스, 버섯 오므라이스, 소고기 오므라이스 및 새우튀김이 통째로 들어간 새우튀김 오므라이스 등이 있고, 계절에 따라 식재료가 변하는데, 겨울에는 굴 조개 오므라이스가 최고의 인기메뉴이다.

혼후쿠즈시

本福寿司

P47A2

지하철 미도스지센(御堂筋線), 나가호리츠루미료쿠치센(長堀鶴見緑地線)이용, 신사이바시(心齋橋)역에서 하차, 6번 출구에서 도보5분

오사카시 츄오구 신사이바시스지(大阪市中央区心齋橋筋 1-4-19)

(06)6271-3344

H 숙박

오사카후지야호텔
大阪富士屋 Hotel

- P45B2
- 오사카시 츄오구 히가시신사이바시(大阪市中央区東心齋橋 2-2-2)
- (06)6211-5522
- ¥6,825〜¥29,400
- www.osakafujiya.jp

플렉스테이 신사이바시 인
Flax stay 心齋橋 In

- P47A2
- 오사카시 츄오구 니시신사이바시(大阪市中央区西心齋橋1-9-30)
- (06)6282-9021
- ¥6,500〜¥8,200
- www.wmt-osaka.com/kr/shinsaibashi/index.html

- 11시〜20시30분
- 休 수요일 (월2회 부정기휴업)
- 오사카초밥: ¥1,155, 최고급 청어초밥 ¥3,150

1829년 에도시대에 오픈한 신사이바시 상점가에 있는 후쿠즈시는 일본에서 단 하나뿐인 초밥전문점으로 점포 이름에 '本'자를 더했다. 주 메뉴는 오사카즈시로 그 종류 또한 다양하다. 도미나 장어초밥 모두 정성껏 만들어지며, 차와 함께 먹으면 더욱 맛있다.

하톤호텔 신사이바시
Hearton Hotel 心齋橋

- P47A2
- 오사카시 츄오구 니시신사이바시(大阪市中央区西心齋橋1-5-24)
- (06)6251-3711
- ¥6,800〜¥11,700
- www.hearton.co.jp/shinsaibashi

아크호텔오사카
Ark Hotel 大阪

- P45B1
- 오사카시 츄오구 시마노우치(大阪市中央区島之内1-19-18)
- (06)6252-5111
- ¥7,870〜¥13,650
- osaka.ark-hotel.co.jp/index02.html

호텔메트로 THE21
Hotel Metro THE21

- P45B2
- 오사카시 츄오구 소에몬쵸(大阪市中央区宗右衛門町2-13)
- (06)6211-3555
- ¥8,400〜¥16,800
- www.metro21.co.jp

호텔 르 보테쥬루 난바
Hotel Le Boteju Nanba

- P45A3
- 오사카시 츄오구 센니치마에(大阪市中央区千日前2-4-9)
- (06)6647-6777
- ¥6,500〜¥15,000
- www.bhsg.jp/boteju-h.html

스위스호텔난카이오사카
Swiss Hotel 南海大阪

- P45A3
- 오사카시 츄오구 난바(大阪市中央区難波5-1-60)
- (06)6646-1111
- ¥31,185〜¥47,355
- www.swissotel-osaka.co.jp

도톤보리

道頓堀 Dotonbori

게요리 전문점인 '카니도라쿠'의 커다란 간판은 이미 도톤보리의 상징이 되었다. 이곳은 또 온갖 맛집들이 모여 있는 거리이기도 하다. 도톤보리에는 큰 바다로 흘러들어가는 조그마한 강이 흐르는데, 유람선을 타고 이 강을 따라 오사카의 물길 풍경을 둘러볼 수도 있다. 재정비된 해안가 역시 수많은 연인들이 데이트를 즐기는 곳으로, 작은 다리들이 많이 놓여 있다. 그중 에비스바시(戎橋) 일대를 수 놓는 거대한 간판 (Glico의 두 손을 높이 든 육상선수)들은 카니도라쿠의 간판과 더불어 도톤보리의 유명한 상징이 되었다. 오사카의 분위기를 가장 잘 표현하는 이곳의 야경 역시 빼놓을 수 없는 구경거리이다.

👁 명소

호젠지요코쵸

法善寺横丁

🔺 P45A3

🚇 지하철 센니치마에센(千日前線), 미도스지센(御堂筋線), 요츠바시센(四つ橋線) 이용, 난바(難波)역에서 하차, 14번출구에서 도보5분

🏠 오사카시 츄오구 난바(大阪市 中央区難波)

도톤보리의 호젠지요코쵸는 맛집이 모여 있는 골목이다. 호젠지산도와 요코쵸로 뻗어있는 골목을 모두 포함하고 있는데, 50여 곳에 가까운 오사카 맛집들이 모여 있다. 일본식 팥죽, 우동, 라면, 오코노미야키 등이 있고, 그중 한 곳은 도톤보리의 다른 길로 이어진다.

호젠지

法善寺 Hozenji

P45A3

지하철 센니치마에센(千日前
線), 미도스지센(御堂筋線), 요
츠바시센(四つ橋線) 이용, 난
바(難波)역에서 하차, 14번 출
구에서 도보5분

오사카시 츄오구 난바(大阪市
中央区難波)

(06)6211-4152

　도톤보리 지역에서 가장 중요한
종교적 중심인 호젠지는 400여 년
에 가까운 역사를 가지고 있다. 특
이한 것은 세월이 흐르면서 불상에
이끼가 끼기 시작했는데, 이 이끼
가 불상의 원래 모양대로 자라나서
언뜻 보면 초록색 옷을 입고 있는

것처럼 보인다는 것이다.

오사카소치쿠좌

大阪松竹座

- P45A2
- 지하철 센니치마에센(千日前線), 미도스지센(御堂筋線), 요츠바시센(四つ橋線) 이용, 난바(難波)역에서 하차, 14번 출구에서 도보3분
- 오사카시 츄오구 도톤보리(大阪市中央区道頓堀1-9-19)
- (06)6214-2211
- 공연프로그램에 따라 시간과 가격 정해짐

　1923년에 생긴 오사카 소치쿠좌는 오사카 최초의 서양식 극장으로 당시 수많은 최고의 예술가들이 연출을 했던 문화극장의 상징이었다. 1997년 오래된 건축물을 리모델링하여 르네상스 양식의 모습을 유지

하면서 최신 전문 시설을 도입하여 가부키 공연을 중심으로 뮤지컬 등의 문화 예술 공연을 상연한다. 또 희곡, 연기 관련 전문 서점도 있으며, 지하에는 발효맥주 등 맛있는 음식을 맛볼 수 있는 곳이 있어 각종 문화 여가 생활을 즐길 수 있다.

돈키호테

ドンキホーテ

- P45A2
- 지하철 센니치마에센(千日前線), 미도스지센(御堂筋線), 요츠바시센(四つ橋線)이용, 난바(難波)역에서 하차, 14번 출구에서 도보3분
- 오사카시 츄오구 도톤보리(大阪市中央区道頓堀1-9-19)
- (06)4708-1411
- 10시~익일5시, 관람차: 10시~24시
- 관람차 1인권: ¥1,000, 2인권: ¥1,200

　돈키호테는 일본의 유명한 잡화점으로 전국 각지에 지점을 가지고 있다. 도톤보리점은 건물에 에비스타워(EBISU TOWER)라는 간판과 관람차가 있어 매우 찾기 쉽다. 이 세계 최초의 타원형 관람차를 탑승하려면 용기가 필요하다. 한 번 도는데 15분 정도 소요되고 고도는 77.4m 정도인데, 원형의 관람차가 투명한 유리창으로 되어 있어 날씨가 좋은 날에는 아카시해협(明石海峡)까지 보인다. 관람차가 올라갈 때 끊임없이 움직이며 밸런스를 조절하기 때문에 매우 스릴 있다.

요시모토 타노무와 코우테야

吉本たのむワ買うてぇ屋

P45A2

지하철 센니치마에센(千日前線), 미도스지센(御堂筋線), 요츠바시센(四つ橋線) 이용, 난바(難波)역에서 하차, 14번 출구에서 도보5분

오사카시 츄오구 도톤보리(大阪市中央区道頓堀)

(06)6514-5525

타코야키모양 핸드폰 장식

¥399부터

코믹하고 유머러스한 분위기로 가득한 이곳은 오랜 전통의 코미디 엔터테인먼트 기획사인 요시모토 코교(吉本興業)에 소속된 코미디언들의 관련 상품과 오사카의 특산기념품 등을 판매하는 곳이다. 쿠이다오레의 맞은편에 위치하고 있으며, 타코야키, 오코노미야키와 간식거리, 핸드폰 액세서리 등도 판매하고 있다. 지하에서는 한신타이거스 상품을 구입할 수 있다.

(＊상점이름은 오사카사투리를 코믹하게 응용한 것으로, 뜻을 풀이하면 '요시모토 부탁하니께 사주라잉'정도가 되겠다. 상점을 뜻하는 '屋'는 오사카방언에서 문장을 끝맺는 '～야'와 발음이 같다.)

도톤보리고쿠라쿠 상점가

道頓堀極楽商店街

🔺 P45A2

🚇 지하철 센니치마에센(千日前線), 미도스지센(御堂筋線), 요츠바시센(四つ橋線) 이용, 난바(難波)역에서 하차, 14번 출구에서 도보5분

🏠 오사카시 츄오구 도톤보리(大阪市中央区道頓堀)

☎ (06)6212-5515

🕐 11시~23시

💲 어른: ¥315, 6~12세: ¥210, 6세 이하 무료

도톤보리에 새로 문을 연 고쿠라쿠 상점가는 시끌시끌한 엔터테인먼트 푸드파크로 쇼와(昭和)초기인 1930년대의 오사카 거리를 재현해 놓고 있다. 총 3층으로 되어 있는 건물에는 50여 개의 매장이 모여 있으며, 오사카인들의 정, 복고거리풍경, 음식, 오락을 테마로 꾸며

쿠로몬시장

黒門市場 Kuromonichiba

🔺 P47A3

🚇 지하철 센니치마에센(千日前線), 킨테츠 난바센(近鉄難波線) 이용, 닛뽄바시(日本橋)역에서 하차, 10번 출구에서 도보1분

🏠 오사카시 츄오구 닛뽄바시(大阪市中央区日本橋)

🕐 9시~18시

놓아 옛 정취가 가득하다. 외벽에는 칠복신의 웃는 얼굴 간판이 걸려 있는데, 도톤보리의 새로운 랜드마크가 되었다. 복고풍으로 장식된 상점가는 소소한 부분까지 모두 세심하게 신경을 썼다. 물 얼룩이나 벽의 오래된 포스터, 지붕에 물이 샌 흔적 등, 아주 조그마한 것까지 절대 지나치지 않았으며, 심지어 길모퉁이의 민들레까지도 만들어 놓아 일본인들의 완벽을 추구하는 정신을 느낄 수 있다. 고쿠라쿠 상점가의 5~7층은 수십 개의 맛집들이 모여 있고 각종 놀이판이 펼쳐져 있다. 여름방학에는 귀신의 집과 각종 이벤트들이 끊임없이 즐거움을 선사하고, 맨 위층에서는 매일 오사카풍의 희극이 공연된다. 오사카 특유의 매력과 정을 느껴보고 싶다면 꼭 고쿠라쿠 상점가에 가 보자.

통행증

입구에 들어서면 에도 시대의 복장을 한 직원이 웃고있는 칠복신의 도장이 찍힌 통행증을 끊어 준다. 이 통행증을 들고 도톤보리고쿠라쿠 내에서 공짜로 먹고 마실 수 있다. 입장권에서부터 음식, 쇼핑까지 이 통행증을 내고 즐기면 된다. 그러고 나서 마지막으로 나갈 때 카운터에서 계산을 한다.

구슬놀이

이곳에서는 사격, 금붕어잡기, 물풍선 들어올리기 등의 각종 전통놀이를 체험해볼 수 있다. 쇠 구슬이 구멍에 들어가는 것을 보고 있으면 어른들은 아마도 어린 시절 즐겁게 놀던 추억을 떠올릴 것이고 어린이들은 부모님이 어렸을 때 놀던 놀이를 체험해 볼 수 있어 남녀노소 모두에게 즐거운 경험이 될 것이다.

고쿠라쿠오사카미야게텐

입구와 7층에는 모두 오사카 특산품과 고쿠라쿠 상점가에서 만든 상품들을 판매하고 있어 이곳에서의 즐거운 추억이 담긴 기념품을 구입할 수 있다.

공연

도톤보리가극단이 공연하는 뮤지컬은 고쿠라쿠상점가에서 하루에 몇 차례씩 공연된다. 놀이판에서 일하던 직원들이 배우들이 되어 무대에서 공연을 하는데 처음에는 즐겁게 관객들과 소통하며 놀다가 정식으로 극이 시작되면 음악에 맞춰 노래하고 춤을 춘다. 가장 눈길을 끄는 것은 남녀주인공이 줄에 매달려 공연을 펼치는 것인데 전문가 수준의 공연을 보여준다.

休 연중 무휴 (하지만 대다수 상점이 일요일 휴무)

신사이바시(心齋橋)에서 도톤보리를 거쳐 남쪽으로 가다 보면 난바(難波)가 나오는데 난바에서 옆쪽으로 조금 더 걸어가다보면 닛뽄바시(日本橋)에 닿게 된다. 쿠로몬시장은 에도시대 때부터 있던 전통시장으로 오사카의 주방이라 불린다. 580m길이의 쿠로몬시장에서는 일본식 음식, 신선한 식재료, 과일, 테이크 아웃 음식까지 다 있어 오사카의 맛을 모두 찾을 수 있다.

니혼바시덴덴타운

日本橋でんでん Town

- P45B4
- 지하철 센니치마에센(千日前線), 킨테츠 난바센(近鉄難波線) 이용, 닛뽄바시(日本橋)역에서 하차, 5, 10번 출구에서 도보5분
- 오사카시 나니와구 닛뽄바시(大阪市浪速区日本橋)

센니치마에근처에 위치한 덴덴타운은 많은 전자제품 상점들이 모여 있어서 니혼바시텐키가이(日本橋電器街)라고도 불리며, 도쿄의 아키하바라와 비슷한 곳이다. 대형 전자제품, 통신기기의 체인 매장이 있으며 애니메이션 관련 상품을 테마로 한 쇼핑센터도 있다. 오사카에서 일본의 전자제품, 통신기기 및 애니메이션 상품을 사고 싶다면 이곳에서 만족스런 가격에 구매할 수 있을 것이다.

🍴 식당

쿠이다오레

くいだおれ

- P45A2
- 지하철 센니치마에센(千日前線), 킨테츠 난바센(近鉄難波線) 이용, 닛뽄바시(日本橋)역에서 하차, 14번 출구에서 도보5분
- 오사카시 츄오구 도톤보리(大阪市中央区道頓堀1-8-25)
- ☎ (06)6211-5300
- 🕐 11시~22시
- 💲 우동스시나베 ¥3,500

쿠이다오레는 이미 오사카 도톤보리의 랜드마크가 되었다. 입구에 있는 피에로 복장을 한 북치는 소년은 사진촬영의 명소이며, 가정식 레스토랑, 술집, 일본요리까지 건물 전체가 음식점으로 되어 있다. 이곳의 창업자인 야마다 로쿠로(山田六郎)씨는 우리가 잘 알고 있는 많은 일본 요리들이 오사카에서 시작되었기 때문에 오사카에 와야지만 비로소 원조의 참맛을 느낄 수 있다고 한다. 쿠이다오레는 색다른 요리를 선택할 수 있는 기회를 제공한다. 특히, 1층의 가정식 레스토랑은 모든 오사카인들의 어린 시절 추억을 담고 있는 곳이다. 가장 유명한 돈가스 오므라이스는 현재의 사장이 개발한 것으로, 부드러운 달걀 부침 위에 향기로운 소스를 얹어서 고소함과 부드러운 맛을 동시에 느낄 수 있어 인기가 좋다. 식사 후에는 10년 전 오픈한 유명한 디저트 가게에 가보자. 아이스크림 파르페를 쿠이다오레타로 모양으로 만들었는데, 머리에는 번호가 써져 있는 빨간색, 흰색의 모자가 있어서 어린이들이 기념품으로 집에 가져가기에 좋다.

킨류라멘
金龍ラーメン

P45A2

지하철 센니치마에센(千日前線), 킨테츠 난바센(近鉄難波線) 이용, 닛뽄바시(日本橋)역에서 하차, 14번 출구에서 도보5분

오사카시 츄오구 도톤보리(大阪市中央区道頓堀1-1-18)

(06)6211-3999

24시간 영업

킨류라면: ￥650

도톤보리에는 킨류라멘의 지점이 몇 군데 있는데 모두 24시간 영업을 할 만큼 인기가 많다. 문 위에는 마치 살아있는 것 같은 중국용의 모형이 걸려 있으며 근처의 카니도라쿠의 게 간판과 더불어 이곳의 상징이 되었다. 킨류라멘은 티켓을 구입하고 점원에게 넘겨준 후, 자신이 직접 가서 김치를 담아온다. 돼지 뼈와 닭 뼈를 우려낸 국물에 이 집만의 비법 소스를 넣어 직접 만드는 수타면을 넣는다. 한입씩 먹을 때마다 맛이 절묘하게 어우러져 늘 많은 사람들이 찾는다.

소우에몬쵸
宗右衛門町

P47A4

지하철 센니치마에센(千日前線), 미도스지센(御堂筋線), 요츠바시센(四つ橋線) 이용, 난바(難波)역에서 하차, 14번 출구에서 도보12분

오사카시 츄오구 소우에몬쵸(大阪市 中央区 宗右衛門町)

조합 (06)6214-5925

상점에 따라 영업시간 다름

오사카 남쪽의 유흥가를 대표하는 소우에몬쵸는 도톤보리의 북쪽에 있다. 언뜻 보기에는 번화한 현대적인 분위기가 풍기지만 사실 이곳은 400년의 역사를 가지고 있다. 타이쇼(大正)시대부터 2차 대전 발발 전까지 오사카에서 가장 유명했

혼케오타코
本家大たこ

P45B2

지하철 미도스지센(御堂筋線), 나가호리츠루미료쿠치센(長堀鶴見緑地線) 이용, 신사이바시(心齋橋)역에서 하차·센니치마에센(千日前線), 미도스지센(御堂筋線), 요츠바시센(四つ橋線) 이용, 난바(難波)역에서 하차, 14번 출구에서 도보10분

오사카시 츄오구 도톤보리(大阪

이모타코
芋蛸

P45B3

지하철 센니치마에센(千日前線), 킨테츠 난바센 (近鉄難波線)이용, 닛뽀바시(日本橋)역에서 하차, 10번 출구에서 도보5분

오사카시 츄오구 닛뽀바시(大阪市中央区日本橋2-11-8)

(06)6649-7300

11시~20시, 월요일및 휴일은 격일로 14시 영업시작

타코야키 9개: ￥400

일식요리사 출신인 이모타코의 사장은 타코야키를 너무 좋아해서 그

던 이 거리에 현재는 술집, 클럽들이 생겼지만, 아직도 수많은 고급 레스토랑 등이 곳곳에 숨어 있다. 좁은 거리에 걸려있는 많은 간판들이 이곳이 얼마나 번화한 곳인지를 알려주며, 대부분의 가게가 늦은 밤이나 새벽까지 영업하기 때문에 한밤중에 갑자기 배가 고파온다면 이곳에 오면 해결된다.

市中央区道頓堀1-5-10)
(06)6211-5223
10시~23시 (단, 당일 재료가 사용 완료되면 조기에 영업을 종료할 때도 있음)
$ 6개: ¥300, 10개: ¥500

자칭 일본 최고의 타코야키를 자랑하는 혼케오타코는 꼭 먹어봐야 할 도톤보리의 명물 중 하나로 이미 30년 이상의 역사를 자랑한다. 신선함을 중시하며 절대 냉동 재료를 사용하지 않는다. 항상 많은 손님들로 붐비는데, 요리사들이 빠른 속도로 재료를 올리고 타코야키를 뒤집으면 천천히 노릇하게 익으면서 먹음직스러운 색깔이 된다. 이 집의 특징은 타코야키 안의 문어덩어리가 일본에서 가장 크다는 것인데, 한 번 씹을 때마다 문어의 맛이 확실히 느껴지고, 맛이 기가 막혀서 먹자마자 곧 행복한 표정을 머금게 될 것이다.

누구에게도 지지 않을 만큼 맛있는 타코야키를 만들겠다는 일념 하에 부단히 연구해왔다. 결국 4년 전 쿠로몬시장 안에 조그마한 가게를 오픈하게 되었는데, 그의 맛있는 타코야키가 나날이 유명해져서 오사카인 뿐 아니라 관광객들에게도 그 이름이 널리 알려지게 되었다. 일식 요리 기술을 응용해 밀가루에 마를 넣어 반죽하고 국물은 W스프를 사용하는데, 닭 뼈와 멸치를 오랜 시간 우려낸 이 W스프는 식으면 더 맛있는 타코야키가 되게 하였다. 사장이 강력 추천하는 것은 어떤 소스도 넣지 않은 그대로의 맛이지만, 다양한 맛을 좋아하는 손님을 위해 마요네즈 맛 새우구이 등의 상품을 개발하여 선보이고 있다.

아카오니
赤鬼

P45A2

지하철 센니치마에센(千日前線), 미도스지센(御堂筋線), 요츠바시센(四つ橋線) 이용, 난바(難波)역에서 하차, 14번 출구에서 도보5분

오사카시 츄오구 도톤보리(大阪市中央区道頓堀1-10-5)

(06)6213-0300

11시30분~23시

화요일

타코야키 1개 ¥200

　도톤보리 입구의 오사카 소치쿠좌 맞은 편에 위치한 이곳은 타코야키 전문점이다. 가게 입구 앞에 만들어진 타코야키가 사람들의 시

몬
門

P45A2

지하철 센니치마에센(千日前線), 미도스지센(御堂筋線), 요츠바시센(四つ橋線) 이용, 난바(難波)역에서 하차, 14번 출구에서 도보3분

오사카시 츄오구 도톤보리(大阪

타코마사
たこ昌

P45B2

지하철 센니치마에센(千日前線), 미도스지센(御堂筋線), 요츠바시센(四つ橋線) 이용, 난바(難波)역에서 하차, 도보5분

오사카시 츄오구 도톤보리(大阪市中央区道頓堀1-4-15)

(06)6212-3363

11시~21시

타코야키 1인분 ¥3,200부터

www.takomasa.co.jp

　타코야키는 오사카에서 가장 서

민적이고 저렴한 먹을거리이다. 하지만 타코마사의 주인은 그런 타코야키를 한 단계 업그레이드시켜 다양한 세트요리를 만들었다. 이곳의 요리는 모두 문어를 주재료로 하여, 참기름으로 문어를 굽고, 벚꽃으로 문어를 찌고, 여러 가지 방법으로 조리를 한다. 식사도구, 식사분위기부터 조리방법까지 모두 참신함을 더해 타코야키를 서민음식에서 고급음식으로 업그레이드시켰다. 식사 후에 나오는 디저트마저 타코야키 아이스크림이다.

미즈노
美津の

P45B2

지하철 센니치마에센(千日前線), 미도스지센(御堂筋線), 요츠바시센(四つ橋線) 이용, 난바(難波)역에서 하차, 14번 출구에서 도보3분

오사카시 츄오구 도톤보리(大阪市中央区道頓堀1-4-15)

(06)6212-6360

11시~22시

미즈노야키: ¥1,365부터

　영업을 시작하자마자 줄이 길게 늘어서는 미즈노는 도톤보리에서 유명한 오코노미야키맛집으로 호

市中央区道頓堀1-6-9)
☎ (06)6211-0269
🕐 10시~22시
休 부정기 휴업
$ 6개 ¥315

　도톤보리의 중심에 위치한 타코야키 전문점 아카오니는 문에 걸린 두 개의 거대한 빨간 도깨비 상 때문에 쉽게 찾을 수 있다. 각종 엄선된 밀가루를 섞어 만든 반죽에 가물치 국물을 넣은 것이 아카오니가 사랑을 받을 수 있는 비장의 무기이다. 독자적으로 만든 소스를 얹은 것 역시 매우 맛있는데 가게에서 특별히 추천하는 간장을 얹은 것도 맛있다.

선을 끄는데 이곳의 타코야키는 다른 곳과는 다르다. 타코야키 한 접시에 ¥200이고 8cm의 타코야키는 한 개만 먹어도 배가 든든하다. 가물치, 다시마와 기타 재료 등으로 우려낸 국물을 밀가루 반죽에 넣고 문어 덩어리를 푸짐하게 넣는다. 먹을 때는 소스나 참기름이나 올리브식초 아무거나 찍어먹으면 되지만, 마요네즈만큼은 꼭 뿌려먹자. 집에서도 전자레인지에 살짝 데우기만 하면 바로 샀을 때와 똑같은 맛을 느낄 수 있다.

젠지요코쵸 근처의 센니치마에 상점가에 있으며 60년의 역사를 가지고 있다. 미즈노의 요리를 맛보고 싶다면 먼저 20분정도 기다려야 한다. 오코노미야키를 만드는 과정을 직접 눈으로 확인할 수 있어 그 맛이 더욱 특별하다. 최고의 인기메뉴는 참마오코노미야키인데 밀가루를 전혀 사용하지 않고 마로 대체하여 부드럽고도 씹는 맛이 일품이다. 다양한 맛을 느낄 수 있기 때문에 여성들이 많이 찾는다.

이마이

今井

- P45A2
- 지하철 센니치마에센(千日前線), 미도스지센(御堂筋線), 요츠바시센(四つ橋線) 이용, 난바(難波)역에서 하차, 14번 출구에서 도보5분
- 오사카시 츄오구 도톤보리(大阪市中央区道頓堀1-7-22)
- (06)6211-0391
- 11시~21시
- 수요일
- 새우우동 ¥1,418, 오리고기우동 ¥1,050부터

도톤보리의 중심에 있는 오픈한 지 50년이 넘는 우동집 이마이는 끊임없이 여러 종류의 재료를 연구하여 국물을 우려낸다. 이마이에는 상상할 수 있는 모든 종류의 우동이 존재하는데 일반적으로 잘 알려진 우동 외에도 계절에 따라 다양한 메뉴를 선보이고 있다. 이마이는 저녁모임을 하기에도 좋다. 저녁에는 샤브샤브, 스시나베 등 높은 가격의 메뉴도 맛볼 수 있다. 씹는 맛이 부드러운 우동면발은 노인과 어린이에게 잘 맞아 노년의 부부나 가족이 모두 함께 와서 식사하는 것을 자주 볼 수 있다.

쿠이다오레 3층 우동 스키야키

- P45A2
- 지하철 센니치마에센(千日前線), 미도스지센(御堂筋線), 요츠바시센(四つ橋線) 이용, 난바(難波)역에서 하차, 14번 출구에서 도보5분
- 오사카시 츄오구 도톤보리(大阪市中央区道頓堀1-8-25)
- (06)6211-5300
- 11시~22시
- 우동스시나베: ¥3,500

이곳의 대표메뉴는 우동스키야키이다. 낮고 평평한 철판 냄비에서 익혀지는 스키야키는 샤브샤브에 더 가깝다고 할 수 있는데 다시마와 다랑어로 우려서 맛을 낸 국물을 붓고 계절에 따라 각종 일본의 제철 산해진미를 넣는다. 우동스키야키의 주인공은 우동인데 씹는 맛이 일품인 면발을 펄펄 끓는 냄비에 다시 넣었다 먹으면 맛이 한층 더해진다.

Ⓗ 숙박

오사카 난바 워싱턴호텔프라자

大阪難波 Washingto Hotel Plaza

- 지하철 사카이스지센(堺筋線), 센니치마에센(千日前線), 킨테츠 난바센(近鉄難波線) 이용, 닛뽄바시(日本橋)역에서 하차, 2번 출구에서 도보2분
- 오사카시 츄오구 닛뽄바시(大阪市中央区日本橋1-1-13)
- (06)6212-2555
- (06)6214-3332
- 1인실: ¥7,200, 2인실: ¥16,000부터
- nanba.wh-at.com

　오사카 난바 워싱턴호텔플라자는 오사카에서 가장 번화한 지역인 도톤보리, 신사이바시 부근에 자리하고 있다. 도톤보리와 신사이바시의 수많은 레스토랑이나 새벽까지 영업하는 백엔숍, 24시간 서점, 슈퍼마켓, 인터넷카페 등이 모두 근처에 있어서 매우 편리하다. 비즈니스호텔에 속하는 이곳은 모든 객실에 ADSL인터넷 서비스를 제공하고 있어서 컴퓨터만 가지고 있다면 카운터에서 장치를 빌려 바로 인터넷을 사용할 수 있다. 1층 레스토랑은 뷔페식으로 아침식사를 즐길 수 있고 양식, 일식 등 다양한 요리들을 골라 먹을 수 있으며 오사카 명물인 타코야키도 맛볼 수 있다.

도톤보리호텔

道頓堀 Hotel

- P45A2
- 오사카시 츄오구 도톤보리(大阪市中央区道頓堀2-3-25)
- (06)6213-9040
- ¥7,800〜¥13,500
- www.dotonbori-h.co.jp

야마토야

大和屋

- P45B2
- 오사카시 츄오구 시마노우치(大阪市中央区島之內2-17-4)
- (06)6211-3587
- 1박2식 1인당 ¥10,500부터
- www.yamatoyahonten.co.jp/index.html

토코시티호텔우메다

Toko City Hotel 梅田

- P45A2
- 오사카시 키타구 미나미모리마치(大阪市北区南森町1-3-19)
- (06)6363-1201
- ¥6,500〜¥13,000
- www.tokocityhotel.co.jp/umeda/index.html

신오사카 써니스톤호텔

新大阪 Sunny Stone Hotel

- 오사카시 요도가와구 니시나카지마(大阪市淀川区西中島4-12-2)
- (06)6390-0001
- ¥6,800〜¥11,600
- www.sunnystonehotel.co.jp/pc/index.html

호텔 오쿠스 신오사카

Hotel Oaks 新大阪

- 오사카시 요도가와구 니시나카지마잇쵸메(大阪市淀川区西中島1丁目11-34)
- (06)6302-5141
- ¥6,200〜¥13,300
- www.h-oaks.co.jp/shin-osaka/index.html

난바

難波 Nanba

최신 유행이 시작되는 곳 중의 하나인 난바는 유행을 주도하는 난바파크스(難波 Parks)뿐 아니라 모두에게 웃음을 선사하는 요시모토쇼텐카이(吉本笑店街)가 있다. 그러나 난바에 오는 가장 중요한 이유는 저렴한 가격으로 복어 요리, 참치덮밥 등의 산해진미를 맛볼 수 있기 때문이다.

요시모토 쇼텐가이
吉本笑店街

- P45B3
- 지하철 센니치마에센(千日前線), 미도스지센(御堂筋線), 요츠바시센(四つ橋線) 이용, 난바(難波)역에서 하차, 도보5분
- 오사카시 츄오구 난바 센니치마에(大阪市中央区難波千日前 11-6)
- (06)6643-1188
- 평일: 10시~20시, 주말 및 공휴일: 9시~20시
- 어른: ￥800, 초중고생: ￥500

일본의 TV프로그램을 좋아하는 사람이라면 요시모토코교(吉本興業)에 대해서 잘 알고 있을 것이다. 요시모토코교(吉本興業)는 주로 코미디언을 양성하고 관리하며, 오사카에 3개의 극장을 소유하고 있어 정기적으로 오사카의 만자이(漫才: 만담), 라쿠고(落語)를 공연한다. 다운타운(마츠모토 히토시와 하마다 마사토시의 콤비), 런던부츠(타무라 아츠시와 타무라 료의 콤비), 야마다 하나코(山田花子)등, 현재 일본에서 인기가도를 달리는 코미디언들은 모두 요시모토에서 배출된 스타들이다. 2004년 여름, 난바 Grand 카게츠(花月)의 지하실에 코미디 박물관이 생겼다. 상점가 안은 1955년 센니치마에 상점가를 컨셉으로 꾸며져서 어디서나 요시모토식의 코미디를 볼 수 있다. 입구에서 티켓을 받는 역무원, 경찰, 간호사 모두가 수시로 옆으로 다가와 큰 웃음을 준다. 일본 코미디언을 좋아한다면 이곳에서 사진을 찍어 추억으로 간직할 수 있고, 허기가 지면 카게츠 레스토랑에서 맛있는 음식을 맛볼 수도 있다.

(*일본어로 笑店街와 商店街의 발음은 모두 쇼텐가이이다. 이름에서도 위트가 넘친다.)

난바파크스
難波Parks

- P45A4
- JR, 킨키철도(近畿鉄道), 지하철 센니치마에센(千日前線), 미도스지센(御堂筋線), 요츠바시센(四つ橋線) 이용, 난바(難波)역에서 하차, 난카이전철(南海電鉄) 난바(難波)역과 연결
- 오사카시 나니와구 난바나카(大阪市浪速区難波中2-10-70)
- (06)6644-7100
- 쇼핑: 11시~21시, 레스토랑: 11시~23시
- www.nambaparks.com/index2.html

난바파크스는 2003년 가을 준공된 종합 상업 시설로 오사카에서 미래형 도시를 컨셉으로 개발됐다. 도쿄의 록본기 힐스를 디자인한 설계팀이 기획하여 도시 속의 오아시스 숲을 만들었다. 전체 쇼핑센터가 비즈니스 사무실 건물인 Parks Tower를 중심으로 이루어져 있는데, 이 건물은 사방을 둘러싸고 있는 조형물의 높낮이가 모두 다른 독특한 구조를 갖고 있고 100여 곳이 넘는 다양한 상점들이 모여 있다.

파크스가든
Parks Garden

- 10시~21시

난바공원 전체의 주요 컨셉은 파크스가든에서 출발한다. 각 층마다 빌딩을 따라 계단모양으로 화원을 조성하여, 하나의 거대한 공중 오아시스처럼 보인다. 총 235종, 4만여 그루의 꽃나무가 좌우로 심어져

있어 푸른빛이 가득하다.

카니발 몰
Carnival Mall

- 11시~21시

난카이전철 난바역 바로 옆에 위치한 카니발 몰(Carnival Mall)은 캐쥬얼 풍의 상점가로 옷, 장신구, 소품부터 카페까지 유럽의 활력과 열정으로 가득 차 있다. 그 분위기는 이곳을 찾는 모든 사람들을 젊어지게 할 것이다.

H.P.France exclusive

- (06)6634-0620
- e-m. 반지: ¥21,500, Jacques 가방: ¥68,250부터
- www.hpfrance.com

H.P France의 산하 브랜드인 H.P.France exclusive는 여성들을 타깃으로 하며, 쇼윈도에서부터 화려하게 유럽이나 아메리카 각국에서 들여온 숙녀 스타일의 시리즈들을 선보이고 있다. 최근에는 한국 등 아시아 브랜드들도 수입해서 많은 일본여성들의 쇼핑코스가 되고 있다.

에프.오.비 쿠프
F.O.B COOP

- (06)6635-0826
- 가방: ¥18,900부터
- www.fobcoop.co.jp

제품부터 매장 내 공간까지 순백과 원색으로 장식된 F.O.B COOP는 심플한 분위기로 전 세계 각지에서 들여온 잡화를 판매한다. 난바파크스점은 카페도 붙어 있어서 디저트, 간식, 최고급 커피를 팔고 있기 때문에 쇼핑 중 이곳에서 은은한 커피향기를 맡을 수 있을 것이다.

쇼-츄오소리티
Sho-Chu Authority

- (06)4397-9711
- 소주잔: ￥1,260부터

쇼츄오소리티는 일본에서 가장 큰 소주와 오키나와술인 아와모리(泡盛)전문매장으로 매장 내에는 일본 각지에서 온 3000여 종이 넘는 소주가 있다. 소주와 함께 곁들이는 안주와 술잔 등 소주 문화와 관련된 제품 역시 판매하고 있어 가까운 지인들에게 선물용으로 매우 좋다.

리본학카
Ribbon hakka

- (06)6635-1663
- 신발: ￥9,800, 가방: ￥7,245 부터

예쁜 색의 아동복과 편안함을 테마로 디자인된 여성복을 판매하는 이곳의 아동복 코녀에서는 아동복과 어린이 전용가구 이외에도 여고

생 취향의 귀여운 식사도구나 문구류 등, 선물용으로 적합한 물건이 많다.

렉스
Lax

- (06)6634-5800
- 청미니스커트: ￥19,000, 청바지: ￥24,000부터

미국 LA국제공항의 이름인 LAX에서 이름을 따온 이곳은 주로 미국풍의 데님청제품을 팔고 있다. 대부분 미국에서 수입한 것이고 캐나다나 이탈리아 라인도 있다. 구제 제품 이외에도 수많은 제품의 디테일한 부분에서 LAX가 추구하는 독특한 스타일을 엿볼 수 있다.

마노
Mano

- (06)6636-8162
- www.manogc.jp

마노는 양질의 수제품을 제조하는데, 남녀의류 외에도 유용한 실내 잡화까지 다양한 제품들을 판매하고 있다. 의류는 대체적으로 세련된 분위기의 숙녀를 타깃으로 하는데, 일반적인 스타일부터 개성 있는 캐주얼까지 다양하다.

소리스타
Soylista

- (06)6645-1004

소리스타는 오사카에서 생긴 장신구 브랜드로 모자와 가죽 액세서리를 판매하는 곳이다. 지구와의 공존을 테마로 하여 천연 소재를 이용한 가죽 제품들이 원래의 질감을 그대로 유지하고 있다. 일본모자 디자이너가 만든 예쁜스타일의 모자와 재미있는 수입가방도 있다.

포커페이스
Poker Face

- (06)6634-0531
- Poker Face 브랜드 한정판 안경테: ￥24,150, 레이밴 정품 안경테: ￥39,900
- www.pokerface-web.com

　수제안경을 판매하는 이곳에서 특별히 추천하는 제품은 안경 장인인 야마모토씨가 손수 제작하는 안경테이다. Poker Face와 Oliver Peoples가 함께 만든 두 브랜드의 한정판으로 물론 Poker Face에서만 구입이 가능하다. 일본에서 디자인되고 판매되는 Japonism에 새로이 개발된 기술을 도입하여 신축성이 좋고 얼굴형에 잘 맞는 상품들을 만들어 내고 있다.

더블데이
Doubleday

- (06)6646-100
- www.doubleday.co.jp

　더블데이는 집에서 사용하는 모든 것들이 있는 곳이다. 이곳의 제품들은 독특하고 개성 넘치며, 옷과 장신구도 집에서 착용하기 편안한 스타일이 대부분이다. 일본 전역에 20여 개의 매장을 갖고 있으며, 난바파크스점은 가장 넓은 매장이다.

카페 라 밀레

Cafe La Mille

- (06)6649-6653
- 점심: ￥900부터
- www.unimat-life.co.jp/index. html

　카페 라 밀레는 홋카이도의 오타루에서 구워지는 커피원두를 가장 신선한 상태로 직송하여 고객들에게 제공한다. 커피 향기가 은은해서 근처의 출퇴근하는 많은 직장인들이 이곳을 찾는다. 섬세하게 볶아진 커피에 도쿄의 유명한 양과자점인 derriere의 케이크를 곁들인다면 최고의 티타임이 될 것이다.

코바란치

- (06)6646-0765
- 11시~20시
- 나베야키우동: ￥600, 미소라면: ￥780부터
- www.namco.co.jp/tp/ kobaranchi

　원래 명칭은 오사카누들시티나니와다라케(大阪ヌードルシティ 浪花 だらけ)였으나, 2007년, 난바파크스의 제2기 공사가 끝난 뒤 코바란치로 이름을 변경하였다. 이곳은 '면'을 테마로 한 조그마한 테마파크로, 입구에는 거대한 면 사발을 쓴 귀여운 캐릭터 모형을 볼 수 있다. 또 일본 각지에서 온 10여 개의 면전문점이 모여 있어, 사누키우동, 홋카이도 미소라면, 오사카의 야키소바까지 맛 볼 수 있다. 면을 좋아하는 사람이라면 무엇을 먹을지 상당히 망설이게 될 것이다.

쇼핑

센니치마에도구야스지
千日前道具屋筋

- P45B3
- 지하철 센니치마에센(千日前線), 미도스지센(御堂筋線), 요츠바시센(四つ橋線) 이용, 난바(難波)역에서 하차, 3번 출구에서 도보3분
- 오오사카시 츄오구 난바 센니치마에(大阪市中央区難波千日前)
- 센니치마에도구야스지상점가연합: (06)6633-1423

- 9시~18시
- 상점에 따라 휴업일 다름

다양한 주방용품을 판매하는 이곳에서는 귀여운 마네키네코(손짓하는 고양이)나 칠기식기를 모두 만나볼 수 있다. 각양각색의 일본 요리 전용냄비나 접시 및 식당용 기구들을 판매하고 있다. 또 예쁘고 저렴한 가정용 타코야키기구와 샤브샤브기구 등도 있으며, 그 외에도 일본풍의 식기들을 매우 저렴한 가격에 구입할 수 있다.

빅 카메라
Bic Camera

- P45A3
- 지하철 센니치마에센(千日前線), 미도스지센(御堂筋線), 요츠바시센(四つ橋線)이용, 난바(難波)역에서 하차, 11, 18~20번 출구에서 도보3분
- 오사카시 츄오구 센니치마에(大阪市中央区千日前2-10-1)
- 10시~21시

- www.biccamera.com

빅 카메라는 대형 전자제품 체인점으로 도쿄를 주요 거점으로 하는데 칸사이 지방에서는 유일하게 오사카 난바에 위치하고 있다. 총 7층으로 되어 있는 매장에는 디지털 카메라, 핸드폰, 컴퓨터 등의 전자제품과 그와 관련된 최신상품들이 모두 있으며, 배달과 A/S등의 서비스를 제공한다.

타코야키 도죠 와나카 오이리본점

たこ焼き道場ワナか大入本店

◈ P45A4

🚇 지하철 센니치마에센(千日前線), 미도스지센(御堂筋線), 요츠바시센(四つ橋線) 이용, 난바(難波)역에서 하차, 2번 출구에서 도보5분

🏠 오사카시 츄오구 난바 센니치마에(大阪市中央区難波千日前11-19)

📞 (06)6631-0127

🕐 평일: 10시~21시, 일요일 및 공휴일: 9시~21시

💲 9개: ￥350

　난바의 명소인 요시모토쇼텐가 이 옆에 위치한 와나카는 언제나 사람들이 길게 줄을 늘어서 있다. 타코야키를 굽는 기구를 연구하

핑관

冰館

◈ P45A3

🚇 지하철 센니치마에센(千日前線), 미도스지센(御堂筋線), 요츠바시센(四つ橋線) 이용, 난바(難波)역에서 하차, 2번 출구에서 도보5분

🏠 오사카시 츄오구 난바 센니치마에 (大阪市中央区難波千日前12-35)

📞 (06)6647-0311

🕐 10시~22시

💲 망고아이스: ￥730

　1995년, 대만 타이베이에서 오픈한 이곳은 인기가 많아지면서 많은 일본 관광객을 불러들였다. 결국 그 맛을 좋아하게 된 일본인이 오사카에 직접 매장을 오픈하여 대만의 맛을 일본인에게 소개하고 있다. 일본의 물가가 조금 높은 편이기는 하지만 대만 본래

여 특별히 제작된 동판을 사용하는데 열 보존 기능이 매우 뛰어나서 오래 기다리지 않아도 되고 타코야키를 따뜻한 상태로 오래 유지할 수 있다. 겉 껍질은 바삭하고 속은 촉촉하고 부드러워 마지막 한 개를 먹을 때까지 뜨거우면서도 맛이 살아있다. 오리지널, 짭짤한 맛, 특수 제작한 소스를 뿌린 맛 등 3종류가 있다. 가게 내에 자리가 있어 앉아서 여유롭게 타코야키의 맛을 즐길 수 있다.

아이즈야
会津屋

 P45A3

 지하철 센니치마에센(千日前線), 미도스지센(御堂筋線), 요츠바시센(四つ橋線) 이용, 난바(難波)역에서 하차, 3번 출구에서 도보5분

 오사카시 츄오구 난바 난난타운 내(大阪市中央区難波5南南TOWN內4)

 (06)6649-7008

 10시~21시

 부정기 휴업

 원조 타코야키 12개 ¥400

엔도 토메키치(遠藤留吉)에 의해 시작되었다. 쇼와(昭和) 초기, 문어를 밀가루 반죽에 넣어 구워먹기 시작했는데 간편하게 만들 수 있고, 맛도 좋아 서민들 사이에서 곧 타코야키 열풍이 불게 되었다. 아이즈야는 60여 년 동안 그 전통의 맛을 지켜오고 있으며, 다양한 타코야키의 맛을 느낄 수 있다.

명성이 자자한 오사카의 타코야키는 아이즈야의 초대 주인인

의 음식 문화를 전하기 위해 대만산 망고를 사용하고 있다. 가장 인기있는 망고 아이스는 망고 얼음에 특수 제작한 망고 소스와 망고 아이스크림을 얹은 것으로 시원하고 맛이 진하다.

마구로동야

まぐろ丼や

🔺 P45A3

🚇 지하철 센니치마에센(千日前線), 미도스지센(御堂筋線), 요츠바시센(四つ橋線) 이용, 난바(難波)역에서 하차, 14번 출구에서 도보3분

🏠 오사카시 츄오구 난바 센니치마에(大阪市中央区難波千日前 12-41)

💲 오리지널 참치덮밥: ¥500
원조 참치회덮밥: ¥500
한정 네기토로덮밥: ¥1,000

물가가 비싼 일본에서 500엔으로 참치회덮밥을 먹을 수 있을까? 이곳에서는 가능하다. 가격은 높지만 고단백 저칼로리인 참치는 일본인들의 오래된 보양식이다. 센니치마에에 위치한 이 참치회덮밥 전문점에서는 심플한 맛의 오리지널 참치덮밥부터 매일 한정량만 판매하는 네기토로덮밥, 또 가장 비싼 오토로까지 모두 맛볼 수 있다.

카츠돈

喝鈍

🔺 P45A3

🚇 지하철 센니치마에센(千日前線), 미도스지센(御堂筋線), 요츠바시센(四つ橋線) 이용, 난바(難波)역에서 하차, 14번 출구에서 도보5분

🏠 오사카시 츄오구 난바(大阪市中央区難波1-1-17)

📞 (06)6213-7585

🕐 11시~21시

💲 돈가스덮밥: ¥550

가게 이름이 돈가스덮밥의 일본식 이름인 카츠돈과 발음이 같아 재미있다. 분위기 있는 호젠지요코쵸에 자리하고 있으며 매장의 외벽, 탁자, 의자 색이 모두 짙은 등빛으로 되어 있어 포근한 분위기이다. 바에 조리대가 연결되어 있기 때문에 앉아서 요리사가 음식을 만드는 과정을 직접 볼 수도 있어 맛을 더한다. 카츠돈의 돈가스는 장시간을 거쳐 만들어지는데 부드럽고 고소하며 달콤하기까지 하다.

후토마사

太政

- P45B3
- 지하철 센니치마에센(千日前線) 닛뽄바시(日本橋)역 5번 출구에서 도보5분
- 오사카시 추오구 닛뽄바시(大阪市中央区日本橋1-17-8)
- (06)6633-4129
- 11시~22시
- 4~8월은 부정기 휴업
- 복어 나베 1인분: ¥6,000

복어는 오사카 사람들이 좋아하는 요리로 쿠로몬시장 일대에는 유명한 복어요리 전문점들이 자리하고 있다. 옛날에는 값이 무척 비싼 고급음식이었으나, 지금은 가격이 많이 저렴해져서 누구나 맛볼 수 있다. 복어는 11월에서 2월까지가 제철인데 보통 샤브샤브를 해서 먹는다. 육수는 머리를 우려내서 만들고 얇게 썬 복어를 냄비 속에 넣자마자 바로 먹는데 쫄깃한 복어를 특제 소스에 찍어 먹으면 둘이 먹다 하나가 죽어도 모를만큼 맛있다. 후토마사가 개업한 지 이미 45년이 되었는데, 늘 키타큐슈의 항구에서 공수해온 살아있는 복어를 사용하며, 가게에서 특수 제작한 검은 식초는 복어샤브샤브, 복어회와 잘 어울려 독특한 맛을 낸다.

식당

메오토젠자이
夫婦善哉

P45A3

지하철 센니치마에센(千日前線), 미도스지센(御堂筋線), 요츠바시센(四つ橋線) 이용, 난바(難波)역에서 하차, 14번 출구에서 도보5분

오사카시 츄오구 난바(大阪市中央区難波1-2-10)

(06)6211-6481

10시~23시

1인분: ¥500

일본에서 유명한 문학가인 오다 사쿠노스케(織田作之助)의 소설인 메오토젠자이(夫婦善哉)와 이름이 같은 이 조그마한 가게 안에는 자리도 몇 개 없다. 이곳의 특징은 1인분이라도 접시 2개에 나누어져 나온다는 것이다. 향이 진한 팥죽에 경단을 하나씩 넣는데 이것이 바로 부부를 상징한다.

숙박

난바오리엔탈 호텔
なんば Oriental Hotel

P45B3

오사카시 츄오구 센니치마에(大阪市中央区千日前2-8-17)

(06)6647-8111

¥20,000~¥24,000

www.nambaorientalhotel.co.jp

호텔 이치에이
Hotel 一営

P45A3

오사카시 나니와구 난바나카(大阪市浪速区難波中1-6-8)

(06)6641-3135

¥7,500~¥16,500

www.hotel-ichiei.com

호텔 난카이난바
Hotel 南海なんば

P45A3

오사카시 나니와구 난바나카(大阪市浪速区難波中1-7-1)

(06)6649-1521

¥8,715~¥15,750

그람파스 인 오사카
Grampaus Inn大阪

P45A3

오사카시 나니와구 난바나카(大阪市浪速区難波中1-13-18)

(06)6633-5500

¥6,930~¥13,860

www.kurasho-group.co.jp/hotel/grampaus.html

비즈니스H닛세 호텔
Business H Nissei

P45B3

오사카시 츄오구 난바 센니치마에(大阪市中央区難波千日前4-31)

(06)6632-8111

¥6,300~¥11,000

www.hotel-nissei.co.jp

호텔 알데바란
Hotel Aldebaran

P45B3

오사카시 츄오구 코즈(大阪市中央区高津2-3-6)

(06)6213-2211

¥5,250~¥12,600

www.hotel-aldebaran.com

아메리카무라

America Mura

신사이바시 부근의 아메리카무라는 칸사이지방 젊은이들의 중심지로, 수많은 오사카의 유행 문화가 이곳에서부터 시작한다. 어디에서나 개성 넘치게 차려 입은 젊은이들을 볼 수 있고, 화려한 가게 간판, 중고 옷가게 등 참신함과 활력이 넘친다. 꼭 가봐야 할 곳은 BIG STEP과 산카쿠공원을 중심으로 한 구역인데, 각종 맛집들이 평범해보이는 빌딩 속에 숨어있기 때문에 구경하면서 유심히 살펴봐야 한다.

◉ 명소

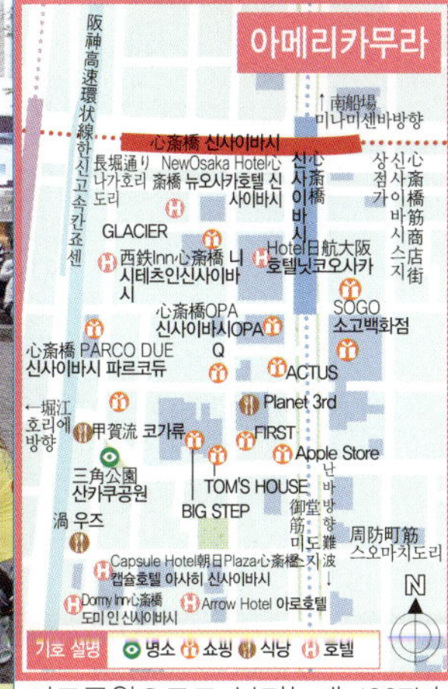

산카쿠공원
三角公園

➤ P85

🚇 지하철 미도스지센(御堂筋線), 나가호리츠루미료쿠치센(長堀鶴見綠地線) 이용, 신사이바시(心齋橋)역에서 하차, 7번 출구에서 도보5분

🏠 오사카시 츄오구 신사이바시(大阪市中央区西心齋橋)

아메리카무라의 산카쿠공원은 미토공원으로도 불리는데 1997년 다시 디자인된 이후 노천 극장이 되었다. 원형으로 된 계단 모양의 광장에서 누구라도 공연할 수 있는데, 공간이 매우 넓고 쾌적하기 때문에 평일이던 휴일이던 특별한 이벤트가 없다고 할지라도 많은 사람들이 이곳에 모여 쉬고 있는 것을 볼 수 있다. 독특하게 차려입은 사람들의 모습이 도쿄의 하라주쿠와 비슷한 풍경이다.

쇼핑

Glacier

- P85
- 지하철 미도스지센(御堂筋線), 나가호리츠루미료쿠치센(長堀鶴見緑地線) 이용, 신사이바시(心齋橋)역에서 하차, 7번 출구에서 도보3분
- 오사카시 츄오구 니시신사이바시(大阪市中央区西心齋橋 1-10-41)
- (06)6245-0138
- 11시~20시
- 수요일

이곳은 스키용품 매장으로 매장 안쪽에는 멋진 스키와 부츠를, 앞쪽에는 화려한 색깔의 옷을 디스플레이 해놓았다. 독일에서 온 Chiemsee는 유럽 스키 선수들이 사랑하는 브랜드로 주인이 10년 전 이 브랜드를 알게 되어 오사카에 공수하게 되었다고 한다.

탐스하우스
Tom's House

- P85
- 지하철 미도스지센(御堂筋線), 나가호리츠루미료쿠치센(長堀鶴見緑地線) 이용, 신사이바시(心齋橋)역에서 하차, 7번 출구에서 도보5분
- 오사카시 츄오구 니시신사이바시(大阪市中央区西心齋橋 1-6-8)
- 11시~20시
- 둘째, 셋째 주 수요일

피에로 머리가 걸려있는 탐스하우스는 아메리카무라의 랜드마크로, 미국 분위기가 물씬 풍기는 캐주얼의류와 액세서리를 판매한다. 건물 내에 여러 가게들이 있어서 잡화부터 의류까지 모두 사장이 미국에서 직접 들여와 판매한다.

빅 스텝
Big Step

- P85
- 지하철 미도스지센(御堂筋線), 나가호리츠루미료쿠치센(長堀鶴見緑地線) 이용, 신사이바시(心齋橋)역에서 하차, 7번 출구에서 도보3분
- 오사카시 츄오구 니시신사이바시(大阪市中央区西心齋橋 1-6-14)
- (06)6258-5000
- 쇼핑: 11시~20시, 레스토랑: 11시~22시, 7층: 11시~24시
- 부정기 휴업

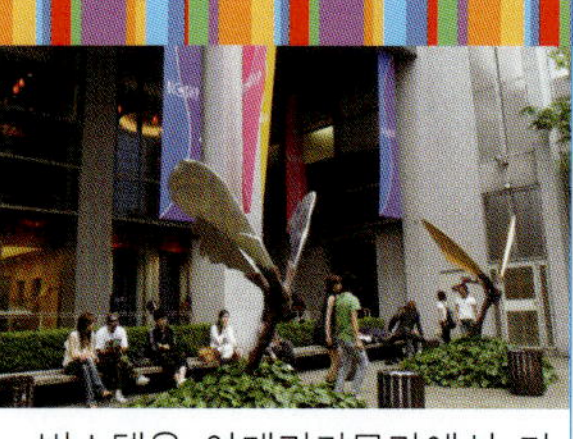

빅스텝은 아메리카무라에서 가장 큰 쇼핑센터이다. 이곳에는 Anna Sui, ABC Mart 등 유행의 최첨단을 걷는 유행 브랜드들이 많기 때문에 주말에 아메리카무라에 놀러온 젊은이들에게 가장 사랑받는 만남의 장소로 자리잡았다.

파르코 듀
Parco Due

P85

지하철 미도스지센(御堂筋線),
나가호리츠루미료쿠치센(長堀
鶴見綠地線) 이용, 신사이바시
(心齋橋)역에서 하차, 7번 출구
에서 도보5분

오사카시 츄오구 니시신사이
바시(大阪市中央区西心齋橋
1-16-8)

(06)6281-8111

11시~20시

신사이바시의 파르코 백화점은
젊은 층을 주요 타깃으로 삼고 있

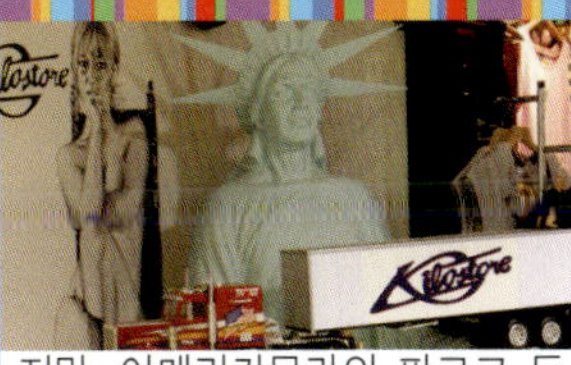

지만, 아메리카무라의 파르코 듀
는 주로 미국풍을 선호하는 사람
들을 겨냥하고 있다. 오래된 레코
드판, 50년대의 생활 잡화 외에도
2층의 Kilostore는 미국에서 수입
해오는 모든 구제 옷을 그램(g)으
로 계산한다. 모든 옷과 신발은 매
그램(g)당 5엔으로, 천천히 둘러보
다보면 꽤 좋은 상품을 많이 찾아
낼 수 있을 것이다.

오-파
OPA

- P85
- 지하철 미도스지센(御堂筋線), 나가호리츠루미료쿠치센(長堀鶴見緑地線) 이용, 신사이바시(心齋橋)역에서 하차, 7번 출구에서 도보1분
- 오사카시 츄오구 니시신사이바시(大阪市中央区西心齋橋 1-4-3)
- (06)6244-2121
- 11시~21시
  레스토랑: 11시~23시
- 休 1. 1

  지하철 신사이바시역과 바로 연결되어 있는 OPA는 일본의 젊은 이들에게 사랑받는 백화점이다. 리모델링 후 외관이 커다란 전구같은 모양으로 바뀌었으며 가장 인기있는 유행 브랜드들이 모여 있다. 옆에는 OPA 키레이관이 하나 더 있는데 지하 1층 전체가 수영복을 팔고 있다. 이 중에는 일본에서만 살 수 있는 것들도 적지 않다.

퍼스트
First

- P85
- 지하철 미도스지센(御堂筋線), 나가호리츠루미료쿠치센(長堀鶴見緑地線) 이용, 신사이바시(心齋橋)역에서 하차, 7번 출구에서 도보5분
- 오사카시 츄오구 니시신사이바시(大阪市中央区西心齋橋 1-5-16)
- (06)6251-5256
- 11시~20시30분
- 休 1. 1
- 독일제 캐주얼 신발: ¥3,990 부터

  Tom's house에서 한 블록 떨어진 First는 20여 년이 넘는 역사를 가진 옷가게이다. 이곳 주인은 미국에서 가장 인기 있는 캐주얼 브랜드를 엄선하고, 편안함을 강조한 자연소재로 만든 옷과 소품을 주요 상품으로 한다. 사장의 안목이 매우 독특해 새로운 상품도 자주 들여와 아메리카무라에서 사랑받는 인기상점이 되었다.

큐
Q

P85

지하철 미도스지센(御堂筋線), 나가호리츠루미료쿠치센(長堀鶴見緑地線) 이용, 신사이바시(心齋橋)역에서 하차, 7번 출구에서 도보3분

오사카시 츄오구 니시신사이바시(大阪市中央区西心齋橋 1-9-7)

(06)6210-9833

11시~20시 30분

Q는 2002년 오픈한 매장으로 모든 고객을 Queen으로 대접하겠다는 뜻이 담겨 있다. 제품의 80%는 독자적으로 디자인한 것으로 바느

질 선부터, 단추, 심지어는 겉으로 보이지 않는 안쪽 소매까지 하나하나 섬세하게 만들고 있다.

식당

플래닛 써드
Planet 3rd

P85

지하철 미도스지센(御堂筋線), 나가호리츠루미료쿠치센(長堀鶴見緑地線) 이용, 신사이바시(心齋橋)역에서 하차, 7번 출구에서 도보3분

오사카시 츄오구 니시신사이바시(大阪市中央区西心齋橋 1-5-24)

(06)6282-5277

7시~24시

부정기 휴업

런치: ¥1,050부터

2005년 Cafe Company가 운영하는 Planet 3rd가 신사이바시에서 아메리카무라로 가는 길에 오픈했다. Planet 3rd는 일관된 심플한 공간을 강조하여 아메리카무라와는 분위기가 사뭇 다르다. Planet 3rd

에서 가장 추천하는 것은 런치세트인데, 매일 12시가 되기 전 요리사들이 오늘의 메뉴를 정성껏 요리하여 접시에 담아 문 앞에 진열해 놓으면 그 은은한 향기가 지나가던 직장인들과 쇼핑하던 사람들을 유혹한다.

코가류타코야키
甲賀流たこやき

- P85
- 지하철 미도스지센(御堂筋線), 나가호리츠루미료쿠치센(長堀鶴見緑地線) 이용, 신사이바시(心齋橋)역에서 하차, 7번 출구에서 아메리카무라방향 도보7분
- 오사카시 츄오구 니시신사이바시(大阪市中央区西心齋橋 2-18-4)
- (06)6211-0519
- 11시~20시
- 11개: ¥300

아메리카무라 산카쿠공원 옆의 코가류타코야키집은 11개 에

300엔밖에 하지 않아 저렴한 가격에 타코야키를 먹을 수 있다. 이미 20년이 넘는 역사를 가지고 있는 이곳은 아메리카무라에서 타코야키 매장을 선도하는 곳이다. 11종의 독특한 재료를 우려낸 국물이 밀가루 반죽 속에 스며 들어간다. 또 계란을 많이 사용해서 부드러운 맛을 내어 남녀노소 모두가 좋아한다. 특히 그 위에 특수 제작한 소스와 마요네즈를 뿌리면 더욱 깊은 맛을 내는데, 이곳의 타코야키를 먹으려면 반드시 줄을 서야한다. 공원 내에 사람들이 여기저기 접시를 들고 있는 것을 보면 인기가 어느 정도인지 알 수 있을 것이다. 아메리카무라에서 쇼핑을 하다가 지치면 타코야키 한 접시 맛 보는 것을 잊지 말자.

우즈
渦

- P85
- 지하철 미도스지센(御堂筋線), 나가호리츠루미료쿠치센(長堀鶴見緑地線) 이용, 신사이바시(心齋橋)역에서 하차, 7번 출구에서 도보10분
- 오사카시 츄오구 니시신사이바시(大阪市中央区西心齋橋 2-18-15)
- (06)6213-5010
- 12시~20시30분
- 부정기 휴업

일본 TV프로그램에서 기획한〈오코노미야키선수권〉에서 시작하여 오픈한 우즈는 노렌(のれん: 상점출입구에 상호나 문양을 써 넣어 드리운 천)부터 일본 분위기가 물씬 풍기는

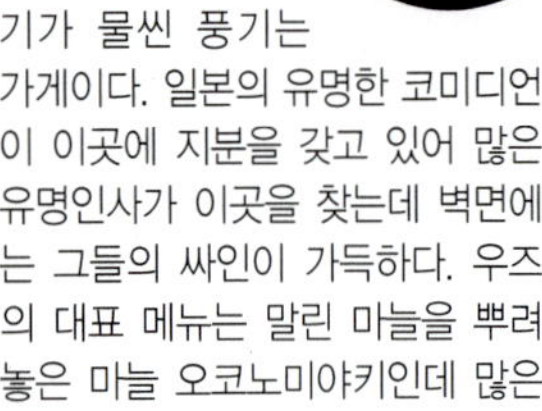

가게이다. 일본의 유명한 코미디언이 이곳에 지분을 갖고 있어 많은 유명인사가 이곳을 찾는데 벽면에는 그들의 싸인이 가득하다. 우즈의 대표 메뉴는 말린 마늘을 뿌려 놓은 마늘 오코노미야키인데 많은 여성들의 사랑을 받고 있다.

Ⓗ 숙박

캡슐호텔아사히프라자 신사이바시
Capsule Hotel 朝日Plaza心齋橋

△ P85
🏠 오사카시 츄오구 니시신사이바시(大阪市中央区西心齋橋 2-12-22)
☎ (06)6213-1991
$ ¥2,700
🌐 www.asahiplaza.co.jp

호텔닛코오사카
Hotel 日航大阪

△ P85
🏠 오사카시 츄오구 니시신사이바시 미나미센바(大阪市中央区西心齋橋南船場)1-3-3
☎ (06)6244-1111

$ ¥18,500～¥40,000
🌐 www.hno.co.jp

아로호텔
Arrow Hotel

△ P85
🏠 오사카시 츄오구 니시신사이바시(大阪市中央区西心齋橋 2-9-32)
☎ (06)6211-8441
$ ¥6,000～¥11,900

도미 인 신사이바시
Dormy Inn 心齋橋

△ P85
🏠 오사카시 츄오구 니시신사이바시(大阪市中央区西心齋橋 2-17-3)
☎ (06)6211-5767
$ ¥6,200～¥12,300
🌐 www.hotespa.net/hotels/ shinsaibashi

미나미센바

南船場 Minamisenba

미나미센바는 원래 수많은 방직, 천들을 파는 도매 상점이 모여있는 곳이었으나 지금은 한적하고 여유로운 오후 티타임의 분위기로 가득한 곳이 되었다. 랜드 마크 건물인 Organic빌딩은 자연과의 공생을 컨셉으로 건축 디자인관련 상을 수 차례 받아왔다. 유행을 선도하는 상점들과 거리 곳곳의 노천카페들, 또 각국의 요리를 맛 볼 수 있는 레스토랑들은 항상 새로운 메뉴를 선보이고 있어 근처 직장인들이 자주 애용하는 곳이 되었다.

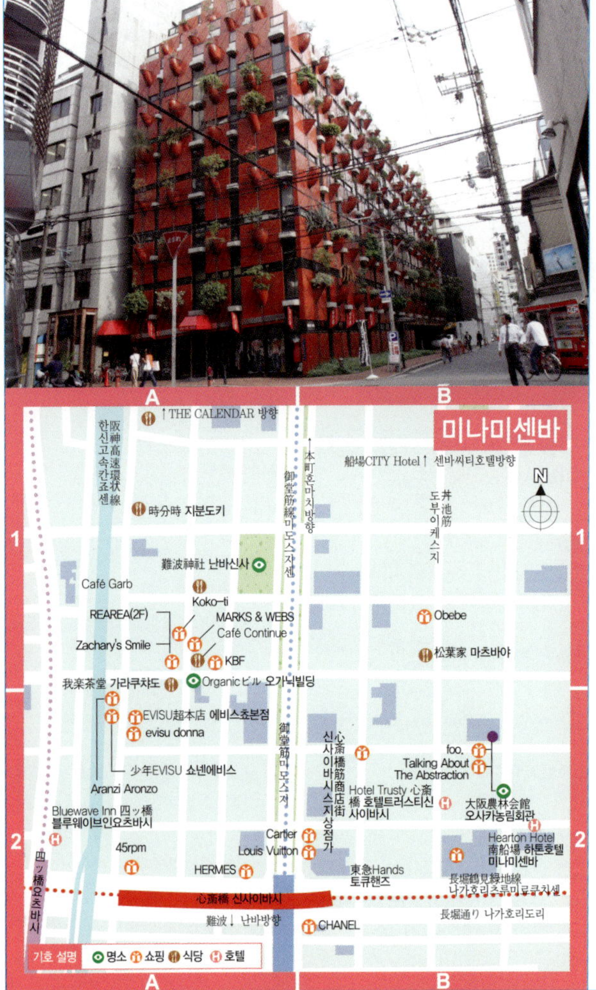

🎁 쇼핑

케이비에프
KBF

- P92A1
- 지하철 미도스지센(御堂筋線), 나가호리츠루미료쿠치센(長堀鶴見緑地線) 이용, 신사이바시(心齋橋)역에서 하차, 3번 출구에서 도보3분
- 오사카시 츄오구 미나미센바(大阪市中央区南船場)
- (06)6251-6050
- 11시~20시
- 티셔츠: ¥4,095부터

케이비에프의 미나미센바 매장은 플래그십 스토어 개념의 유일한 직영점이다. 1~2층은 의류와 액세서리를, 3층에는 신발, 가방 등 기타 잡화들을 판매하고 있다. 넓은 실내에 소량의 상품만을 진열했기 때문에 여유롭게 둘러보면서 쇼핑을 할 수 있다.

레아레아
Rearea

P92A1

지하철 미도스지센(御堂筋線), 나가호리츠루미료쿠치센(長堀鶴見綠地線) 이용, 신사이바시(心齋橋)역에서 하차, 7번 출구에서 도보8분

오사카시 츄오구 미나미센바(大阪市中央区南船場4-9-7 2F)

작크리즈스마일
Zachary's Smile

P92A1

지하철 미도스지센(御堂筋線), 나가호리츠루미료쿠치센(長堀鶴見綠地線) 이용, 신사이바시(心齋橋)역에서 하차, 7번 출구에서 도보8분

오사카시 츄오구 미나미센바(大阪市中央区南船場4-9-7)

(06)6245-7666

12시~20시

부정기 휴업

이곳의 내부는 마치 동굴처럼 되어 있는데 앞 편에는 은은한 조명이 있고 뒷 편에는 햇빛이 들어오는 밝은 구역이다. 오래된 소파

오베베
Obebe

P92B1

지하철 미도스지센(御堂筋線), 나가호리츠루미료쿠치센(長堀鶴見綠地線) 이용, 신사이바시(心齋橋)역에서 하차, 나가호리크리스타 지하도 8번 출구에서 도보7분

오사카시 츄오구 하쿠로마치(大阪市中央区博労町3-3-12)

(06)6252-1688

10시~20시

부정기 휴업

특가 유카타: ¥1,800부터

obebe.net

일본어로 obebe는 기모노의 오

☎ (06)6252-3120
🕐 12시~20시
休 화요일

　작크리즈스마일 위에 위치한 레아레아는 옷과 가구를 판매하는 곳이다. 2004년 1월 오픈하여 Mid-Century로 불리우는 1960~70년대의 가구와 잡화를 엄선해서 분위기 있는 공간을 탄생시켰다. 섬세하게 꾸민 내부는 계단을 중심으로 두 부분으로 나뉘는데 뒷 편은 의자, 소파 등의 가구를 주로 판매하고 있고, 거리 풍경이 잘 보이는 앞쪽은 컵, 접시 등을 진열해 놓고 있다. 귀여운 복고풍의 잡화와 가전제품들은 모두 판매수량이 한정되어 있기 때문에 맘에 드는 물건을 발견하면 망설이지 말고 바로 사야한다.

에 스타일과 분위기가 독특한 가방들이 여기저기 진열되어 있다. 구제옷과 액세서리 및 잡화도 판매하는데, 1950~70년대의 상품을 위주로 미국풍의 물건이 많다. 그 외에 아시아풍의 치마와 신발 역시 많은 사람들이 찾는 아이템이다.

코코치
Koko-ti

🔺 P92A1
🚇 지하철 미도스지센(御堂筋線), 나가호리츠루미료쿠치센(長堀鶴見緑地線) 이용, 신사이바시(心齋橋)역에서 하차, 7번 출구에서 도보8분
🏠 오사카시 츄오구 하쿠로마치(大阪市中央区博労町4-6-17)
☎ (06)4704-5374
🕐 12시~20시

🌐 www.koko-ti.net/index.html
미나미센바의 골목에 위치하고 있어 찾기가 쉽지 않다. 주로 잡지에 자주 등장하는 편안한 스타일의 옷들을 만날 수 있다. 이곳의 옷은 오사카 현지 디자이너의 브랜드 외에도 유럽에서 수입한 라인들도 많은데, 그중 면 소재로 된 신발은 매우 편안하고 가볍다.

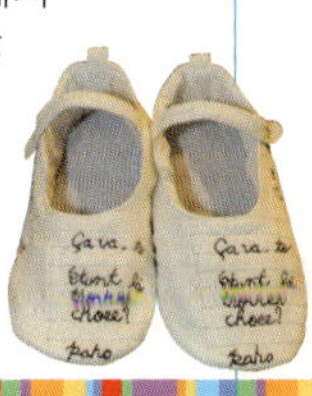

래된 이름이다. 이곳 주인인 야기 케이스케(八木圭介)씨는 더 많은 현대인들이 시대에 따라 변해온 기모노를 기억했으면 하는 바람에서 obebe라는 이름을 짓게 되었다고 한다. 이곳에서 판매하는 유카타(浴衣: 목욕 후나 여름철에 평상복으로 입는 기모노)는 색깔과 무늬가 다양하고 가격도 저렴하다. 유명 디자이너인 츠모리 센리(津森千里)의 새로운 스타일의 유카타와 나막신 외에도 각종 일본풍의 귀여운 소품들이 많이 있다.

후
foo

지하철 미도스지센(御堂筋線), 나가호리츠루미료쿠치센(長堀鶴見緑地線) 이용, 신사이바시(心齋橋)역에서 하차, 나가호리 크리스타 지하도 북쪽 6번 출구에서 도보3분

오사카시 츄오구 미나미센바 오사카 농림회관(大阪市中央区南船場3-2-6大阪農林会館306号)

(06)6251-5733

11시~20시, 일요일: 11시~18시

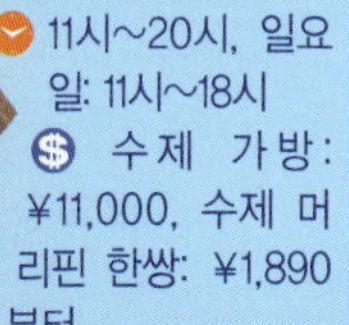

수제 가방: ¥11,000, 수제 머리핀 한쌍: ¥1,890부터

www.hellofoo.com

이 매장은 오사카농림회관에 자리하고 있다. 나카니시(中西)자매가 오픈한 가게인데. 가끔씩 유럽 각국의 벼룩시장에서 잡화와 소품들을 들여온다. 또 본인들이 직접 참신한 소품과 대나무 가방을 만들기도 한다. 다른 가게와 다른 점은 독일에서 들여온 적은 수량의 희귀한 단추, 천들을 보유하고 있다는 것이다. 수공예품을 좋아하는 사람이라면 이곳을 절대 놓쳐서는 안 된다.

아란지 아론조
Aranzi Aronzo

오사카시영지하철 요츠바시센(四つ橋線) 요츠바시(四つ橋)역 1번 출구에서 도보5분

오사카시 츄오구 미나미센바(大阪市中央区南船場4-13-4)

(06)6252-2983

12시~20시

수요일

머그잔: ¥945, 파우치: ¥1,050부터

www.aranziaronzo.com

Aranzi Aronzo는 오사카에서 출발한 브랜드이다. 혼혈인인 Aranzi와 Aronzo가 함께 만든 브랜드로, 출시하자마자 20~30세 사이의 직장인들에게 사랑을 받고 있다. 현재 Aranzi

Aronzo는 오사카, 나고야, 삿포로, 도쿄 등 4곳에 매장을 가지고 있으며, 모든 지점에 현지점장을 두고 있다. 모든 매장에는 한정 상품과 점장의 얼굴이 찍힌 과자류를 판매하는데 이것도 단독 한정 상품으로 다른 매장에서는 살 수 없다. 오사카 본점의 점장은 아주 귀여운 곰돌이 캐릭터인데 평소에는 늘 카운터 뒤쪽에 앉아 이곳을 찾는 손님들을 지켜보고 있다.

오사카농림회관

大阪農林会館

 P92B2

 지하철 미도스지센(御堂筋線), 나가호리츠루미료쿠치센(長堀鶴見緑地線) 이용, 신사이바시(心齋橋)역에서 하차, 나가호리 크리스타 지하도 북쪽 6번 출구에서 도보3분

 오사카시 츄오구 미나미센바(大阪市中央区南船場3-2-6)

 (06)6252-2021

 영업시간은 상점에 따라 다름

1930년에 건축된 오사카농림회관은 복고 분위기가 물씬 풍기는 건물로 50여 개에 가까운 상점들이 모여 있다. 디자이너 작업실, 생활 잡화, 서점, 갤러리뿐만 아니라 일반 사무실들도 많이 들어와 있다. 또 다양한 요리의 레스토랑이 있는데, 이 빌딩은 쇼와(昭和)시대

의 역사적 분위기와 잘 어우러져 근처 직장인들이 즐겨 찾는 곳이다.

막스 앤드 웹

Marks & Webs

 P92A1

 지하철 미도스지센(御堂筋線), 나가호리츠루미료쿠치센(長堀鶴見緑地線) 이용, 신사이바시(心齋橋)역에서 하차 7번 출구에서 도보8분

 오사카시 츄오구 미나미센바(大阪市中央区南船場)

 (06)6251-2975

 12시~20시

 향초 입욕오일 250ml ¥714부터

2000년 새로 오픈한 이곳은 20~30세의 젊은 여성들을 타깃으로 하고 있다. 각종 오일, 향초 등 식물성 원료를 엄선해 생활 속에서 다양한 향을 이용할 수 있도록 한다. 다른 해외 상품들과 비교해 봤을 때 가격도 저렴하다.

에비스쵸본점

Evisu 超本店

 P92A2

 오사카시영지하철 요츠바시센
(四つ橋線) 요츠바시(四つ橋)역
1번 출구에서 도보5분

 오사카시 츄오구 미나미센바(大
阪市中央区南船場4-10-19)

 (06)6241-1995

 11시~20시

 Evisu청바지 No.2: ￥20,000
일반 청바지: ￥21,000, 노랑,
빨강, 하늘
색[E]청바지:
￥22,100,
티셔츠:

￥7,000부터

 www.evisu.com

   청바지에 큰 'E'자가 거꾸로 찍
혀있는 이 브랜드는 오사카에서
출발하여 일본뿐 아니라 대만, 홍
콩, 유럽, 미국 각국에서 사랑받는
Evisu이다. 오사카의 미나미센바는
Evisu의 거리라고 할 정도로 Evisu
브랜드의 라인들이 모두 이곳에
모여 있다. Evisu를 말할 때는 1991
년 Evisu를 만든 디자이너인 야마
네 히데히코(山根英彦)라는 이름
이 꼭 거론되는데 그는
최정상급 수준의 청바
지를 추구한다. 에비
스 청바지의 뒷주머
니에는 모두 E자가
마치 손으로 수놓은
듯이 새겨져 있다. 그
작업이 매우 섬세하고 조
그마한 부분까지 독특하

토킹 어바웃 더
업스트랙션

Talking About The Abstraction-
TATA

 P92B2

 오사카시영지하철 미도스지센
(御堂筋線), 나가호리츠루미료쿠
치센(長堀鶴見緑地線) 이용, 신
사이바시(心齋橋)역에서 하차,
나가호리 크리스타 지하도 북쪽
6번 출구에서 도보3분

 오사카시 츄오구 미나미센바 오
사카 농림회관(大阪市中央区南
船場3-2-6大阪豊林会館303
室)

 (06)6245-2517

 11시~20시

 외투: ￥54,000, 데님소재 청
바지: ￥23,000

 www.tata.co.jp/index.html

   이곳은 의상 디자이너인 이
치하라 나오키(市原直紀)씨가
1940~50년대의 옷을 너무 좋아해
서 만든 브랜드이다. 일상 생활에
서의 옷을 컨셉으로 하여 2001년
에 개인 브랜드를 만들었다. 이곳
의 옷은 심플해 보이지만 섬세하
다. 편안한 면 소재를 사용한 데님
은 개성이 넘친다. 본점은 미나미
센바 근처에 있다가 2005년 오사
카 농림회관으로 자리를 옮겼다.

게 디자인되기 때문에 많은 사람들의 사랑을 받고 있다. 미나미센바의 Evisu超본점은 입구에 크게 '超'를 써놓아 눈에 띄며, 매장 내는 복고풍 분위기로 가득하다. 신상품 외에도 수량이 많지 않은 한 정 상품도 판매하고 있으므로 꼭 한 번 와보자.

 식당

카페가브
Cafe Garb

P92A1

지하철 미도스지센(御堂筋線), 나가호리츠루미료쿠치센(長堀鶴見緑地線) 이용, 신사이바시(心齋橋)역에서 하차, 7번 출구에서 도보3분

오사카시 츄오구 미나미센바(大阪市中央区南船場4-8-5)

(06)6281-4545

11시30분~24시

점심: ￥650~￥1,000, 저녁 메인요리: ￥900~￥1,800, 디저트: ￥500

www.cafe-garb.com

이곳은 입구의 대기석부터 편안한 분위기가 넘친다. 중앙의 공간도 널찍하여 시원한 느낌을 주어 유럽의 레스토랑에 와 있는 것 같다. 런치세트는 스파게티와 메인요리 두 가지이며, 가격은 ￥650부터이다. 분위기도 좋은 곳에서 저렴한 가격에 맛있는 식사를 할 수 있다.

더 카렌다
The Calendar

 P92A1

 오사카시영지하철 요츠바시센
(四つ橋線), 미도스지센(御堂
筋線), 츄오센(中央線)이용, 혼
마치(本町)역에서 하차, 22, 23
번 출구에서 도보1분

가라쿠챠도
我楽茶堂

 P92A1

 지하철 미도스
지센(御堂筋線), 나
가호리츠루미료쿠치센
(長堀鶴見緑地線) 이용,
신사이바시(心齋橋)역에서 하
차, 7번 출구에서 도보3분

 오사카시 츄오구 미나미센바치
츠키빌딩(大阪市中央区南船場
4-10-29ちつきビルB1)

 (06)6252-5911

 11시~24시, 금,토,공휴일 전날:
11시30분~익일3시

 셋째 주 수요일

 차: ¥450부터, 케이
크: ¥400부터

이곳 주인은 즐
거운 곳에서 모두
를 행복하게 하
고 싶다는 의미
에서 이렇게 이름을 지
었다고 한다. 차를 전문으로
하지만 향이 은은한 커피도 맛볼
수 있다. 이곳 주인은 직접 소문난
맛집을 찾아가기도 하는 등 독특
한 요리를 만들어내기 위해 노력
한다. 약한 불에서 천천히 조리되
는 카레가 대표적인 메뉴이고 식후
에 나오는 독특한 향의 Masala Tea
와 수제 케이크도 매우 맛있다.

오사카시 니시구 아와자(大阪市西区波座1-9-1)

(06)6534-0144

11시30분~24시, 마지막 주문 시간 : 22시

休 일요일 및 공휴일

$ 피자, 스파게티: ¥850부터

2004년 5월에 오픈한 더 카렌다는 아는 사람만 아는 조그마한 카페이다. 검은색과 흰색으로 꾸며 놓은 오픈식 주방 안에는 모든 요리사들이 깨끗한 유니폼을 입고 있다. 칠판에는 오늘의 추천요리가 써져 있고, 손님들이 읽을 잡지도 제공하고 있어 편안한 분위기에서 여유롭게 식사를 할 수 있는 곳이다.

카페 콘티뉴
Cafe Continue

P92A1

지하철 미도스지센(御堂筋線), 나가호리츠루미로쿠치센(長堀鶴見緑地線) 이용, 신사이바시(心齋橋)역에서 하차, 3번 출구에서 도보7분

오사카시 츄오구 미나미센바(大阪市中央区南船場4-8-5)

(06)6281-4545

11시30분~익일 6시

$ 점심: ¥700

차와 식사를 동시에 즐길 수 있는 카페 콘티뉴는 메인 요리 이외에 백반과 미소시루(일본된장국)를 먹을 수 있는 런치 메뉴가 있다. 총 3층으로 되어 있고, 새벽까지 영업하면서 술 종류도 일부 판

매하기 때문에 늦은 밤까지 손님으로 가득하다. 최신 메뉴는 하와이 요리인 Rocomoco덮밥인데 카레 비슷한 소스를 밥 위에 얹어 먹는 음식으로 샐러드와 함께 먹으면 독특하고 묘한 맛을 느낄 수 있다. 그 외에도 일본에서만 맛볼 수 있는 명란젓 자소 스파게티도 일품이다.

지분도키
時分時

P92A1

지하철 미도스지센(御堂筋線) 혼마치(本町)역 13번 출구에서 신사이바시 방향으로 도보7분

오사카시 츄오구 미나미큐호지마치(大阪市中央区南久宝寺町4-5-11Lion御堂本町1F)

(06)6253-1661

17시30분~24시

休 일요일 및 공휴일, 셋째 주 월요일

가게에 들어서면 철판으로 된 바 형식의 공간이 다른 오코노미야키 가게와는 사뭇 다른 분위기를 연출한다. 이곳 주인은 손님들 눈앞에서 온갖 기술을 선보이면서 오코노미야키를 만들어낸다. 만들 때 은은히 퍼지는 향기가 식사 분위기를 한껏 띄운다. 그 외에 이 집에서 개발한 특제소스로 버무려 만드는 돼지고기 야키소바 역시 꼭 먹어야 할 대표 메뉴이다.

☎ (06)6251-3339
🕐 11시~19시30분
休 일요일 및 공휴일
$ 키츠네우동: ¥550

마츠바야의 창업자는 원래 초밥집에서 일하다가 메뉴를 바꿔 우동집을 열어서 유부 초밥의 유부를 면에 넣어서 우동을 만들었다. 마츠바야는 대표적인 우동 맛집이 되었으며 유부를 넣은 우동을 개발한 것 외에도 백년을 넘게 고수해 온 최상급 재료 역시 성공의 원동력이 되었다. 일본 각 지역에서 생산되는 최상의 재료들로 국물을 내는 등 그릇에 담긴 음식들은 모두 세심한 과정을 거친 것이다.

마츠바야
松葉家

🔺 P92B1
🚇 지하철 미도스지센(御堂筋線), 나가호리츠루미료쿠치센(長堀鶴見緑地線) 이용, 신사이바시(心齋橋)역에서 하차, 도보10분
🏠 오사카시 츄오구 미나미센바(大阪市中央区南船場3-8-1)

호텔 트러스티 신사이바시
Hotel Trusty 心齋橋

🔺 P92b2
🏠 오사카시 츄오구 미나미센바(大阪市中央区南船場3-3-17)
☎ (06)6244-9711
$ ¥8,800~¥17,500
🌐 www.trusty.jp/shinsaibashi/

하톤 호텔 미나미센바
Hearton Hotel 南船場

🔺 P92B2
🏠 오사카시 츄오구 미나미센바(大阪市中央区南船場2-12-22)
☎ (06)6251-2111
$ ¥7,300~¥13,500
🌐 www.hearton.co.jp/minamisenba

빌라폰테네 신사이바시
Villa Fontaine 心齋橋

🔺 P92B
🏠 오사카시 츄오구 미나미센바(大阪府 中央区南船場 3-5-24)
☎ (06)6241-1110
$ ¥6,900
🌐 hvf.jp/shinsaibashi

블루웨이브 인 요츠바시
BlueWave Inn 四つ橋

🔺 P92A2
🏠 오사카시 니시구 신마치(大阪市西区新町1-4-14)
☎ (06)6543-4284
$ ¥6,500~¥12,000
🌐 www.bluewaveinn.jp/yotsubashi/

호리에(堀江)

Horie

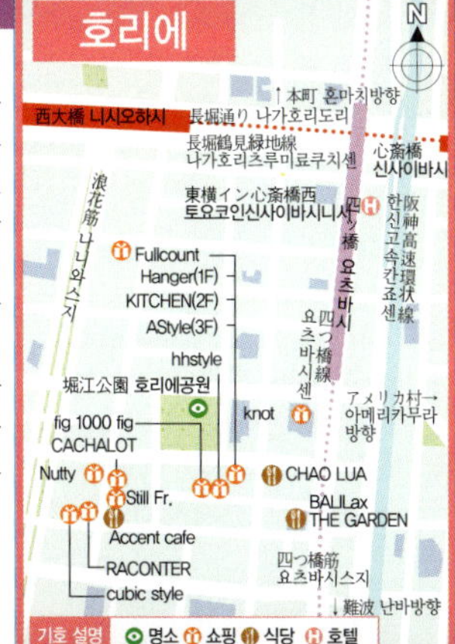

오사카에서 가장 세련된 상점들이 이 일대에 집중되어 있으며, "칸사이지방의 다이칸야마"라는 별명을 가지고 있다. 예전에 오렌지스트리트(타치바나도리)주변은 가구 도매 매장이 모여 있는 곳이었으나 속속 리모델링되어 개성 넘치는 상점들로 탈바꿈했다. 의류, 생활 잡화, 가구 등이 모두 가게 주인들의 독특한 스타일을 담고 있으며 사람들의 시선을 사로잡는다.

 쇼핑

행거

Hanger

- ✈ P103
- 🚇 지하철 요츠바시센(四つ橋線) 요츠바시(四つ橋)역 5번 출구에서 도보5분
- 🏠 오사카시 니시구 미나미호리에 (大阪市西区南堀江1-14-29)
- ☎ (06)6534-2099
- 🕐 11시~20시
- 💲 티셔츠: ¥6,825, 캐주얼화: ¥4,095부터
- 🌐 www.aida-inc.com/shop/horie.htm

호리에공원 맞은편에 있는 행거는 AIDA에서 만든 매장으로 실용성이 뛰어난 옷을 디자인하여 만들고 있다. 편안하게 입을 수도 있고 세탁도 간단하다. 자연스러움을 강조하면서 면 소재의 원색 계열 옷을 많이 만들어 일본의 여성들에게 사랑받고 있다. 컨버스화 스타일의 단색 캐주얼화 역시 귀여우면서도 실용적이며, 남녀노소 함께 입을 수 있는 패밀리룩도 판매하고 있다.

놋트
Knot

- P103
- 지하철 요츠바시센(四つ橋線) 요츠바시(四つ橋)역 5번 출구에서 도보3분
- 오사카시 니시구 미나미호리에 (大阪市西区南堀江1-11-1)
- (06)6222-1933
- 쇼핑: 11시~20시
  Cafe: 11시~23시
- 부정기 휴업
- www.knotweb.com/

모던한 검은색으로 된 건물과 강렬하게 대비되는 자주색, 다홍색, 초록색, 노란색, 오렌지색 등 각종 화려한 색의 창으로 장식되어 있어 그 일대에서는 가장 눈에 띄는 곳이다. 2006년 4월 오픈하

여 세련된 분위기로 호리에 사람들의 독특한 개성을 담고 있는 쇼핑센터로 자리잡았으며, 요츠바시의 입구 맞은 편에 나무로 된 공간은 만남의 장소가 되고 있다. 외관

넛티
Nutty

- P103
- 지하철 요츠바시센(四つ橋線) 요츠바시(四つ橋)역 5번 출구에서 도보3분
- 오사카시 니시구 미나미호리에 (大阪市西区南堀江1-24-1)
- (06)6536-0114

- 11시~20시

호리에 공원 옆에 있는 빌딩 2층에 자리한 넛티는 미국의 구제 중고 의류를 판매하고 있다. 좁은 계단을 오르다보면 갑자기 시공을 초월해서 1940년대의 미국 시골에 와 있는 듯한 느낌이 든다. 넛티의 현관에는 조그마한 골목을 만들어 놓았는데 벤치가 창 밖의 거리 풍경과 잘 어울리고 유리창이 분위기를 더한다. 이곳에는 40년 전에 사용되던 식사도구도 있다고 하니 꼭 한 번 찾아가보자.

부터 내부 공간까지 여러 명의 유명 디자이너들이 공동으로 만들었으며 의류, 소품부터, 음식, 커피까지 다양하게 즐길 수 있다. Zucca, Takatora, Poker Face 등 12개의 개성넘치는 최정상급 브랜드가 모여 있어 눗트가 추구하는 개성에 잘 맞는다.

카샤로
Cachalot

P103

지하철 요츠바시센(四つ橋線) 요츠바시(四つ橋)역 5번 출구에서 도보7분

오사카시 니시구 미나미호리에 (大阪市西区南堀江1-20-19)

(06)6532-5507

12시~19시

休 부정기 휴업

파란색의 차양에 수놓아진 귀여운 고래가 사람들의 시선을 끈다. 이곳에서 인기가 가장 많은 것은 카샤로에서만 살 수 있는 독자 상품인데 고래 그림이 그려진 컵, 접시와 각종 문구류이다. 손으로 만들어지고 그려진 파우치, 지갑, 가방, 베개, 머리핀 속의 그림들이 아주 귀엽다. 그 외에도 그림도안을 좋아하는 고객을 위해 각종 도안을 고를 수 있는 책을 준비해 놓고 있다.

라콩테
Raconter

P103
- 지하철 요츠바시센(四つ橋線) 요츠바시(四つ橋)역 5번 출구에서 도보10분
- 오사카시 니시구 미나미호리에 (大阪市西区南堀江1-24-7)

휘그 미르 휘그
fig 1000 fig

P103
- 지하철 요츠바시센(四つ橋線) 요츠바시(四つ橋)역 5번 출구에서 도보10분
- 오사카시 니시구 미나미호리에 (大阪市西区南堀江1-14-26)
- (06)6535-0690
- 13시~20시
- 休 수요일

휘그 미르 휘그의 입구에는 사람들의 시선을 끄는 분홍색으로 장식되어 있다. fig는 영어로 무화과라는 뜻인데 온대 기후의 나라에서 재배되는 신선한 과일이다. 주인이 그 과일을 좋아해서 가게 이름으로 삼았고, 그 도안을 옷 디자

스틸 프랜
Still Fr.

P103
- 지하철 요츠바시센(四つ橋線) 요츠바시(四つ橋)역 5번 출구에서 도보10분
- 오사카시 니시구 미나미호리에 (大阪市西区南堀江1-20-18)

풀카운트
Fullcount

P103
- 오사카시영지하철 요츠바시센(四つ橋線) 요츠바시(四つ橋)역 6번 출구에서 도보2분
- 오사카시 니시구 키타호리에(大阪市西区北堀江1-10-14)
- (06)6535-5596
- 11시~20시
- $ 청바지: ¥23,940, 티셔츠: ¥7,140부터
- www.fullcount. co.jp

풀카운트는 청바지를 메인으로 하는 오사카 브랜드로 고객층은 20세에서 40세까지 다양하다. 오래 입어도 새것 같은 제품, 유행에 맞는 고급 제품을 컨셉으로 하는 풀카운트의 청바지는 고급 정장을 만들 때에 사용되는 최고급 짐바브웨 면을 사용하고 있다. 이 면으로 제품을 만들면 견고하면서도 오래가는 청바지가 된다. 항상 최상의 품질을 추구하기 때문에

☎ (06)6531-5354

🕐 11시~20시

休 부정기 휴업

　오렌지스트리트에 있는 생활잡화 매장인 라콩테는 투명한 큰 유리창 너머로 가게 안의 다양하고 귀여운 상품들이 보인다. 아동복, 목욕용품, 식기부터 조그마한 관

엽식물까지 테마를 가지고 진열해 놓고 있다. 가구거리로 불렸던 오렌지스트리트는 원래는 가구를 제작하고 팔던 곳이었지만, 현재는 세련된 유행의 중심지로 변모하였다.

인에 이용하기도 한다. 가장 기본적인 스타일의 티셔츠에서도 여성스러움이 가득하며, 가장 잘 팔리는 것도 역시 여성스러운 매력을 살릴 수 있는 제품들이다. 디자이너가 옷을 만들면서 남은 천으로, 여러 가지 소품과 장신구를 만들어 판매하고 있다.

☎ (06)6534-6880

🕐 11시~20시

　숙녀를 컨셉으로 한 스틸프랜은 최신 유행의 여성복을 판매한다. 매장 내에 들어가보면 마치 파리에 있는 조그마한 가게에 와있는 듯한 느낌이 든다. 마네킹에서부터 직원들이 입고 있는 옷 모두가 최

신상품이다. Still Fr.의 신발과 각종 액세서리등은 종류도 많고 매우 예쁘다. 그중의 절반정도는 디자이너가 만든 것이고 나머지는 유럽 각지에서 들여온 브랜드 상품들이다.

풀카운트의 브랜드는 많은 사랑을 받고 있다.

🍴 식당

에이-스타일
A-Style

- P103
- 지하철 요츠바시센(四つ橋線) 요츠바시(四つ橋)
- 역 5번 출구에서 도보5분
- 오사카시 니시구 미나미호리에 (大阪市西区南堀江1-14-29)
- (06)4390-8808
- 11시~20시
- 부정기 휴업

에이-스타일(A-Style) 의 A는 아이다(AIDA)를 의미한다. 3층에 위치한 에이-스타일(A-Style) 과 1층에 있는 옷집인 행거

밸리악스 더 가든
Balilax The Garden

- P103
- 지하철 요츠바시센(四つ橋線) 요츠바시(四つ橋)역 6번 출구에서 도보5분
- 오사카시 니시구 미나미호리에 겐다이오렌지빌딩(大阪市西区南堀江1-9-1現代ORANGEビル3F)
- (06)6538-4400
- 17시~24시, 금,토,휴일전날: 17시~익일1시
- 부정기 휴업

맛있는 음식으로 유명한 Orange 빌딩 안에 위치한 밸리악스 더 가

챠오 루아
Chao Lua

- P103
- 지하철 요츠바시센(四つ橋線) 요츠바시(四つ橋)역 6번 출구에서 도보8분
- 오사카시 니시구 미나미호리에 (大阪市西区南堀江1-14-1)
- (06)6537-6789
- 12시~23시, 저녁: 17시30분~23시
- 씨푸드누들세트: ￥950, 베트남디저트 세트: ￥550
- www.anngon.com/chaolua/index.html

호리에공원 근처에 위치한 챠오 루아는 베트남요리 전문점으로 Chao는 베트남어로 냄비라는 뜻이고 Lua는 뜨거움을 뜻한다. 두 단어를 조합하면 요리를 만드는 방법이라는 뜻이 된다. 골목 모퉁이에 있는 노란색의 레스토랑은 눈에 잘 띄는 외관을 갖추고 있다. 가게 안에는 대나무로 만들어진 테이블과 의자및 조명이 걸려있으며, 테이블 위에는 각종 베트남 조미료 등이 놓여있다. 직원들도 모두 베트남 의상을 입고 있어 동남아의 분위기가 물씬 풍긴다.

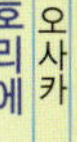

다. 그 외에 미국에서 수입한 복고풍 제품들도 있다. 2층에 있는 레스토랑에서는 음식을 먹으면서 초록빛이 가득한 호리에공원을 내다볼 수 있다. 심플한 가정식 요리를 메인으로 하는 키친(Kitchen)에서 강력 추천하는 것은 점심메뉴이다. 또 저녁에는 오곡이 들어간 쌀밥을 먹을 수 있어 많은 직장인들이 퇴근 후 이곳을 찾는다.

(Hanger), 2층의 주방용품점 아이다(AIDA)는 같은 계열로 주로 생활잡화를 판매한다. 가장 인기 있는 제품은 일본요리를 먹을 때 쓰는 식기구로 심플하면서도 고급스럽

든은 발리의 리조트 모습 그대로 호리에로 옮겨 왔다. 엘리베이터의 문이 열리면 점원들이 섬세하게 조각되어 있는 나무문을 열어 줄 것이다. 문에 들어서면서부터 발리의 분위기가 물씬 풍긴다. 가장 인기 있는 자리는 큰 연못 주위에 있는 자리로 밤이 되어 막이 쳐지면 물 위의 조명이 켜지면서 아름다운 풍경이 연출된다. 이곳은 주로 인도, 베트남, 말레이시아, 홍콩, 한국 등 아시아 각국 요리가 가득하며, 물론 일본 요리도 맛 볼 수 있다.

악센트 카페
Accent Café

 P103

 지하철 요츠바시센(四つ橋線) 요츠바시(四つ橋)역 5번출구에서 도보12분

 오사카시 니시구 미나미호리에 (大阪市西区南堀江1-20-9)

 (06)4391-7382

 11시~20시

 부정기 휴업

 카페라떼: ￥200, 카푸치노: ￥200부터

악센트카페는 일본에서 유명한 의류 브랜드인 유베라 리서치(Ubera Reserch)에서 만든 카페로 의류매장 건물에 위치하고 있다. 3층은 여성복, 2층은 신발과 가죽제품, 1층은 남성복을 판매하고 있으며, 카페는 매장 앞에 나무로 되어있는 오픈된 공간에 위치하고 있다. 대표메뉴로는 제철과일로 만든 과일빙수가 있다. 커피 한잔에 ￥200으로 가격이 저렴하기 때문에 많은 사람들이 찾는다.

Ⓗ 숙박

토요코인 신사이바시니시
本横inn心齋橋西

 P103

 오사카시 니시구 키타호리에 (大阪市西区北堀江1-9-22)

 (06)6536-1045

 ￥6,300~￥8,400

 www.toyoko-inn.com/ hotel/00023/index.html

씨티루트호텔
Cityroute Hotel

 오사카시 키타구 우츠보혼마치(大阪市北区靱本町2-3-6)

 (06)6448-1000

 ￥6,800~￥12,500

 www.cityroute.jp

혼마치 아르티인
本町 Arty Inn

 오사카시 키타구 우츠보혼마치 (大阪市北区靱本町1-1-20)

 (06)6441-7070

 ￥7,560부터

 www.arty-inn.com/ osakaAccess.html

크로스호텔 오사카
Cross Hotel 大阪

 오사카시 츄오구 신사이바시스지(大阪市中央区心齋橋筋 2-5-15)

 (06)6213-8281

 ￥11,550~￥21,000

 www.crosshotel.com/osaka

신세카이

新世界 Shinsekai

신세카이(新世界)에 우뚝 솟아있는 츠텐카쿠(通天閣)는 오사카를 대표하는 유명한 건물 중 하나이다. 서민거리 분위기의 신세카이에는 각종 음식점이 모여 있고, 그 중에서도 꼬치구이집이 가장 많다. 다양한 꼬치구이메뉴는 지금까지 느껴보지 못했던 특별한 맛을 선사할 것이다.

명소

츠텐카쿠

通天閣 Tsutenkaku

- P111
- 지하철 사카이스지센(堺筋線) 에비스쵸(恵美須町)역에서 도보5분·지하철 사카이스지센(堺筋線), 미도스지센(御堂筋線) 이용, 도부츠엔마에(動物園前)역에서 하차, 도보8분·JR 오사카칸죠센(大阪環状線) 신이마미야(新今宮)역 동쪽출구에서 도보10분
- 오사카시 나니와구 에비스히가시(大阪市浪速区恵美須東 1-18-6)
- (06)6641-9555
- 10시~18시30분, 1. 1~1. 11: 10시~20시, 7. 21~8. 31: 10시~20시30분, 마지막 입장시간은 폐관 30분전까지
- 어른: ￥600, 대학생: ￥500, 초중고생: ￥400, 5세 이상 어린이: ￥300
- www.tsutenkaku.co.jp

메이지시대에 완성된 츠텐카쿠는 오사카 남쪽 지역의 랜드 마크로 103m높이의 건물이다. 예전 건물은 전소되었고, 지금의 건물은 재건된 것이다. 엘리베이터를 타고

5층에 있는 전망대에 오르면 오사카의 남쪽 전경이 한눈에 들어온다. 그리고 츠텐카쿠의 꼭대기에는 네온일기예보장치가 있어 저녁이 되면 한눈에 내일의 날씨를 알 수 있다.

이치방
壱番

 P111

 지하철 미도스지센(御堂筋線), 사카이스지센(堺筋線) 이용, 도부츠엔마에(動物園前)역에서 하차, 도보8분

 오사카시 나니와구 에비스히가시(大阪市浪速区恵美須東 2-6-1)

 (06)6630-0001

텐구
天狗

 P111

 지하철 미도스지센(御堂筋線), 사카이스지센(堺筋線) 이용, 도부츠엔마에(動物園前)역에서 하차, 도보5분

 오사카시 나니와구 에비스히가시(大阪市浪速区恵美須東 3-4-12)

 (06)6641-3577

 10시~21시30분

 월요일

 튀김꼬치: ¥100부터

여러 곳의 튀김꼬치집이 모여 있는 신세카이의 쟝쟝요코쵸에서 가장 인기 있는 가게인 이곳은 텐구 가면이 걸려있어 찾기 쉽다. 안에는 바(Bar)형식의 좌석이 있어 음식을 먹으면서 요리사가 능숙하게 조리하는 것을 감상할 수 있다. 이 집에서 가장 자부심을 갖고 있는 것은 바로 소스이다. 이소스에 꼬치를 찍어 먹으면 아무리 많이 먹어도 느끼하지 않다. 양배추는 먹기 좋게 한 입 크기

⌚ 24시간 영업

💲 튀김꼬치: ¥80부터

　쿠시카츠 쟝쟝과 자매가게인 이치방 역시 츠텐카쿠 앞에 위치한 튀김꼬치집이다. 가게 내부는 쇼와시대 때의 복고적인 분위기로 가득하며 시간을 거슬러 올라 과거의 서민 거리에 와있는 느낌을 준다. 튀김 꼬치는 빵가루를 얇게 묻혀 최대한 원재료의 맛을 즐길 수 있도록 만든다. 45종 이상의 메뉴 중에서 골라 주문할 수 있는데, 그중 닭고기 말이는 이곳이 원조이다. 가장 추천하고 싶은 것은 바나나를 튀겨 그 위에 초콜릿을 얹은 것과 딸기에 연유를 얹은 달콤한 튀김꼬치인데 모두 여성들이 좋아할 만한 메뉴이다.

야에카츠

八重勝

🅰 P111

🚇 지하철 미도스지센(御堂筋線), 사카이스지센(堺筋線前) 이용, 도부츠엔마에(動物園前)역에서 하차, 도보5분

🏠 오사카시 나니와구 에비스히가시(大阪市浪速区恵美須東 3-4-13)

☎ (06)6643-6632

⌚ 10시30분~21시10분

休 목요일

💲 튀김꼬치: 세 개당 ¥300

　서민 거리의 분위기가 가득한 상점가의 좁은 골목에 있는 야에카츠는 이미 오픈한지 50년이 넘었다. 이곳의 튀김 꼬치는 주로 고온의 기름에서 튀겨 고소하면서 바삭하다. 얼음 잔에 담긴 맥주나 차와 함께하면 오사카 서민음식의 정수를 느낄 수 있을 것이다.

로 잘라져 계속 리필되며, 이것도 역시 소스에 찍어 먹으면 담백하고 달콤하다. 이곳의 튀김은 바삭바삭하고, 속은 부드러워 맛이 잘 어우러진다. 특히 미소(味噌:일본 된장)맛이 나는 소고기 꼬치는 단골손님들이 꼭 시키는 메뉴이다.

쿠시카츠 쟝쟝

串かつじゃんじゃん

- P111
- 지하철 미도스지센(御堂筋線), 사카이스지센(堺筋線) 이용, 도부츠엔마에(動物園前)역에서 하차, 도보7분
- 오사카시 나니와구 에비스히가시(大阪市浪速区恵美須東 2-4-16)
- (06)6636-2901
- 11시~익일2시
- 튀김꼬치: ¥80부터

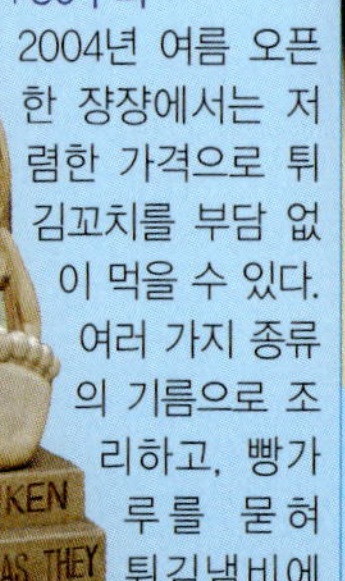

2004년 여름 오픈한 쟝쟝에서는 저렴한 가격으로 튀김꼬치를 부담 없이 먹을 수 있다. 여러 가지 종류의 기름으로 조리하고, 빵가루를 묻혀 튀김냄비에

넣어 튀겨내면 담백한 맛을 내는데 이 맛이 바로 인기비결이다. 또 독자적으로 개발한 소스에 찍어

다루마

だるま

- P111
- 지하철 미도스지센(御堂筋線), 사카이스지센(堺筋線) 이용, 도부츠엔마에(動物園前)역에서 하차, 도보10분
- 오사카시 나니와구 에비스히가시(大阪市浪速区恵美須東 1-6-8)
- (06)6643-1373
- 11시~21시
- ¥105부터

쇼와(昭和) 4년(1929년)에 오픈한 이래 80여 년에 가까운 역사를 지닌 다루마는 현재 4대를 이어오고 있다. 단골손님들이 끊임없이 이곳을 찾게 하는 비결은 부단한 연구 끝에 얻어낸 바삭한 튀김옷과 비밀로 전해 내려오는 소스이다. 또 튀김기름 역시 건강한 기름을 쓴다. 매콤한 꼬치가 시원한 맥주와 환상적인 맛의 조화를 이룬다.

먹으면 더욱 맛있다. 만약 어떤 것을 먹어야 할지 선택이 쉽지 않다면 점장이 추천하는 모듬 메뉴를 먹어보자. 모듬메뉴에는 제철 해산물과 육류 및 채소가 함께 나와 부담없이 맛있게 즐길 수 있다.

H 숙박

비즈니스호텔 타이요
Business Hotel 太洋

- P111
- 오사카시 니시나리구 타이시 (大阪市西成区太子1-2-23)
- (06)0031-0802
- ￥2,200～￥3,500
- www.hotel-taiyo.com

비즈니스호텔 미카도
Business Hotel みかど

- P111
- 오사카시 니시나리구 타이시 (大阪市西成区太子1-2-11)
- (06)6647-1355
- ￥2,100～￥4,200
- www.mikado-e.co.jp

비즈니스호텔 라이잔
Business Hotel 来山

- P111
- 오사카시 니시나리구 타이시 (大阪市西成区太子1-3-3)
- (06)6647-2168
- ￥2,100～￥4,200
- www.raizan.net

비즈니스호텔 뉴추오
Business Hotel New中央新館

- P111
- 오사카시 니시나리구 타이시 (大阪市西成区太子1-1-11)
- (06)6643-7355
- ￥23,00～￥5,500
- www.cheaphotel.jp

츠루하시

鶴橋 Tsuruhashi

JR츠루하시역(JR鶴橋駅)과 킨테츠(近鉄) 츠루하시역 부근의 고가도로 아래 좁고 긴 거리가 있는데, 그 속에 조그마한 한국이 펼쳐져 있다. 이곳이 바로 칸사이지방에서 유명한 코리아타운이다. 천 여 개에 가까운 한국 물건을 판매하는 상점이 모여 있으며 김치, 부침개, 족발 등의 음식을 파는 곳과 한복과 한국식 베개를 제작하는 상가도 있다. 또한 한국식 고기집이 모여 있어 숯불구이, 비빔밥, 냉면 등을 맛볼 수 있다.

식당

오모리야

大盛屋

P116

JR오사카칸죠센(大阪環状線), 지하철 센니치마에센(千日前線) 이용, 츠루하시(鶴橋)역에서 하차, 서쪽출구에서 도보1분

오사카시 히가시나리구 히가시오바시(大阪市東城区東小橋 3-15-1)

(06)6977-9207

8시~20시

종합 김치 3종류 각 300g: ¥950

츠루하시의 코리아타운에는 대부분 한국에서 이민을 왔거나 일본에서 오래 살아온 교포들이 한

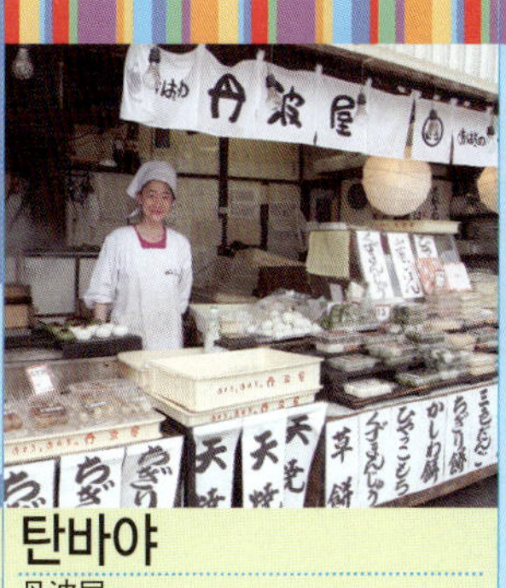

탄바야
丹波屋

P116

JR오사카칸죠센(大阪環狀線), 지하철 센니치마에센(千日前線) 이용, 츠루하시(鶴橋)역에서 하차, 서쪽출구에서 도보3분

오사카시 히가시나리구 히가시오바시(大阪市東城区東小橋 3-17-9)

(06)6977-5150

10시~19시

팥 앙금 찹쌀떡: ¥26

일본인들이 좋아하는 팥 앙금 찹쌀떡을 파는 이곳은 토카이(東海)와 칸사이 지역에서만 500여 개가 넘는 매장을 가지고 있다. 현지인들이 자주 찾는 쇼핑센터에는 거의 하나씩 자리하고 있는데, 츠루하시의 매장은 오픈한 지 1년 여 만에 놀라운 매출을 기록한 곳이 됐을 정도로 끊임없이 손님들이 드나들고 있다. 쑥과 오리지널 외에도 6종류의 다양한 일본 전통의 맛이 당신을 기다리고 있다.

국 요리를 본래의 맛 그대로 재현하여 판매하고 있다. 오모리야의 다양한 한국 김치는 모두 주인아주머니가 손수 담그는 것으로 배추김치, 깍두기, 오이소박이가 가장 유명하다. 또 함께 판매하는 부침개는 가장 인기 있는 먹거리로, 오코노미야키와 비슷해서 칸사이 사람들도 즐겨 먹는다.

츠루하시 후게츠
鶴橋風月

 P116

 지하철 센니치마에센(千日前線),
JR오사카칸죠센(大阪環狀線)
이용, 츠루하시(鶴橋)역에서 하
차, 도보5분

 오사카시 텐노지구 시타아지하
라쵸(大阪市天王寺区下味原
町2-18)

 (06)6771-7938

 11시 30분~22시

 후게츠야키: ¥980 야키소바

추가시 ¥200

　츠루하시역 근처에는 오코노미야키를 먹을 수 있는 곳이 많은데 작은 골목 안에는 고기구이 냄새로 가득하다. 후게츠 본점은 이 향기 속에 숨어 있으며 메뉴의 종류가 매우 다양하다. 무엇을 먹어야 할지 잘 모를 때에는 가장 유명한 후게츠야키를 시키면 된다. 돼지고기, 소고기, 새우, 게, 계란, 야키소바를 더한 독특한 요리로 한번 먹어볼 만 하다. 재료들이 테이블에 도착하고 나면 점원들이 알아서 조리해 주는데 반죽과 재료들이 철판에서 어우러진다. 완전히 다 익고 나면 진한 소스와 마요네즈를 뿌려 먹는다. 뜨거울 때 먹으면 진정한 오사카의 맛을 느낄 수 있어 좋다.

H 숙박

호텔 아워나 오사카
Hotel Awina Osaka

 P116

 오사카시 텐노지구 이시가츠
지쵸(大阪市天王寺区石ヶ辻
町19-12)

 (06)6772-1441

 ¥7,700~¥13,000

 www.awina-osaka.com

요시노료칸
吉野旅館

 P116

 오사카시 텐노지구 우에혼마
치(大阪市天王寺区上本町
8-4-18)

 (06)6771-4164

 ¥5,500~¥12,000

호텔 라이브 아텍스
Hotel The Live Artex

 P116

 오사카시 텐노지구 우에시오(大
阪市天王寺区上汐3-2-16)

 (06)6776-0011

 ¥8,500~¥16,000

 www.live-artex.co.jp

오사카 국제 교류 센터 호텔
大阪国際交流Center Hotel

 P116

 오사카시 텐노지구 우에혼마
치(大阪市天王寺区上本町
8-2-6)

 (06)6773-8181

 ¥7,600~¥13,900

 www.inter-hotel.jp

오사카만

大阪湾 Osaka Bay Area

오사카는 바다를 끼고 있는 도시로, 오사카만 내에 많은 건물들이 들어서면서 오사카 시민들의 휴식처가 되었다. 오사카만은 유니버설 스튜디오, 텐포잔 주변, 북 항구, 남 항구를 모두 포함하는 상당히 넓은 지역으로, OTS(오사카 시영지하철 츄오센)를 타고 둘러볼 수 있으며, 유람선을 타고 경치를 감상할 수 있다.

유니버설 스튜디오
Universal Studios Japan

◆ P119A1

🚇 JR오사카역에서 오사카칸죠센 (大阪環状線) 이용, USJ열차에 도착, JR유메사키센(夢咲き線) 15분마다 운행, 운행시간 11분 소요. (차에는 USJ의 캐릭터들이 그려져 있음)

🏠 오사카시 코노하나구 사쿠라지마(大阪市此花区桜島2-1-33)

☎ (06)6465-3000

🕐 날짜에 따라 개장시간 다름, 평일 중 가장 짧을 때엔 10시 ~19시, 휴일 중 가장 길 때엔

9시~21시(인터넷에서 정확한 개장시간 확인 요.)

💲 스튜디오패스(1일 자유이용권) 어른: ¥5,800, 4~11세 어린이: ¥3,900, 65세이상 노인: ¥5,100

🌐 www.usj.co.jp/ 온라인에서도 구매 가능 (www.usj.co.jp/ticket/ webticket_index.html, 일본어만 가능)

카이유칸
海遊館 Kaiyukan

◆ P119A2

🚇 지하철 츄오센(中央線) 오사카코(大阪港)역에서 도보5분

🏠 오사카시 미나토구 카이간도리(大阪市港区海岸通1-1-10)

☎ (06)6576-5501

🕐 10시~20시

休 휴무여부는 인터넷 홈페이지에서 확인

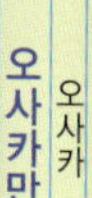

(일본 국철의 JR창구 , 편의점 LAWSON에서 입장 예약 티켓 구입가능, 당일 입장권으로 교환 후 입장.)

일반 테마파크와는 달리 유니버설스튜디오 재팬의 테마는 매우 독특하고 명확하다. 기본적으로 이곳은 초대형 할리우드의 꿈의 공장으로 순수 미국풍의 공연 및 다양한 영화와 관련된 놀이시설이 있어, 환상적인 영화세계로 여행할 수 있다. 또 오사카의 USJ에만 있는 스누피스튜디오가 어린이들을 맞이한다. 놀이시설뿐 아니라, 공원 내의 거리가 모두 고전영화처럼 꾸며져 있고 영화 장비 전시장도 있어서 영화 촬영 때에 사용되는 장비와 세트를 직접 볼 수 있다.

$ 어른: ￥2,000, 초중고생: ￥900, 4~6세 어린이: ￥400

www.kaiyukan.com

외관이 매우 거대하고 화려한 카이유칸은 바로 근처에 있는 텐포잔 관람차와 함께 오사카만의 랜드 마크이다. 세계에서 가장 큰 규모의 수족관으로, 외관은 탑 모양의 큰 어항처럼 디자인되었으며 내부에는 초대형 어항 안에 태평양과 환태평양 해역에서 온 해양 동물들이 여유롭게 헤엄치고 있다.

관광객은 3층에 있는 입구로 입장한 후 11m길이의 파란색 해저 도로를 지나게 되는데 이때 머리위에서 헤엄치는 크고 작은 화려한 열대 물고기들을 볼 수 있다. 이어서 긴 에스컬레이터를 타고 8층에 가면, 내려오면서 큰 어항들을 하나하나 지나게 되는데, 이곳에도 환상적인 바다의 세계가 펼쳐져 있어 각종 해양 동물들을 만나볼 수 있다.

산토리미술관

Suntoty美術館

P119A2

지하철 츄오센(中央線) 오사카
코(大阪港)역에서 도보5분

오사카시 미나토구 카이간도리
(大阪市港区海岸通1-5-10)

(06)6577-0001

전시실: 10시30분~19시30분,
극장: 11시~20시

월요일

전시 갤러리(어른: ￥1,000, 대
학생, 고등학생 및 60세 이상:
￥700, 초중생: ￥500)

극장(어른: ￥1,000, 대학생, 고
등학생 및 60세 이상: ￥700,
초중고생: ￥400)

맥주 브랜드인 산토리가 창립
90주년을 기념하여 건축한 산토리
미술관은 일본의 유명 건축가인

WTC 코스모타워

P119A3

지하철 츄오센(中央線)이용, 오
사카코(大阪港)역에서 OTS선으
로 환승 후 뉴토라무토레이도센
타(ニュートラムトレードセンター)역
에서 하차, 도보3분

오사카시 스미노에구 난코키
타(大阪市往之江区南港北
1-14-16)

(06)6615-6055

전망대- 평일: 13시~22시(마
지막 입장 시간: 20시30분),
주말 및 공휴일: 11시~22시(마
지막 입장 시간 21시30분)

안도 타다오(安藤忠雄)가 설계하였다. 관내에는 IMAX극장이 있어 3D영상으로 자연, 우주 경관 등을 상영한다. 입체적인 레이저 효과가 화면 속에 빨려 들어가는 것 같은 느낌을 준다. 그 외에도 각종 예술품 및 조각품의 전시 갤러리가 있다. 극장과 카이유칸을 동시에 이용할 수 있는 세트 티켓으로 할인 받을 수 있다.

텐포잔마켓플레이스
天保山Market Place

P119A2

지하철 츄오센(中央線) 오사카코(大阪港)역에서 도보5분

오사카시 미나토구 카이간도리(大阪市港区海岸通1-1-10)

(06)6576-5501-11시~20시

1년에 6일

카이유칸과 관람차 사이에 위치한 쇼핑센터에는 레스토랑과 기념품점이 있다. 바닷가 근처에 위치하고 있어 쇼핑센터의 분위기가 여유롭다. 북쪽은 오사카만의 석양을 감상할 수 있는 좋은 장소이다. 그 외에 휴일마다 거리의 예술가들이 공연을 펼쳐 더욱 활기찬 분위기가 된다.

어른: ¥800, 중학생: ¥400, 초등학생: ¥200

WTC코스모타워는 256m로 일본 서부에서 가장 높은 건물이다. 주로 사무실이 모여 있고, 내부는 세계 무역 센터 갤러리 등의 시설도 있다. 그 외에도 많은 레스토랑이 있어 식사를 즐길 수 있다. 가장 인기 있는 곳은 역시 전망대로, 먼저 고속 엘리베이터를 타고 53층에 올라간 다음, 다시 42m길이의 에스컬레이터를 타고 올라가는데, 마치 미지의 세계를 탐험하러 가는 것 같은 느낌이 든다. 전망대에서는 360도로 오사카만의 아름다운 풍경을 감상할 수 있다. 가깝게는 화려하게 빛을 내는 텐포잔 관람차부터, 멀게는 칸사이 국제 공항, 아와지시마(淡路島), 아카시카이쿄대교(明石海峡大橋)까지 보인다. 또 연인들을 위한 커플좌석을 마련해 놓고 있어 매일 저녁, 수많은 연인들이 로맨틱한 야경을 즐긴다.

나니와 바다의 시공관

なにわの海の時空館

- P119A3
- 지하철 츄오센(中央線) 이용, 오사카코(大阪港)역에서 OTS선으로 환승 후 코스모스퀘어역에서 하차, 도보7분
- 오사카시 스미노에구 난코키타(大阪市往之江区南港北2-5-20)
- (06)4703-2900
- 10시~17시
- 월요일
- 어른: ¥600

WTC 코스모타워 전망대에서 유리로 뒤덮여 있는 반원구체가 보이는데 바로 오사카시에서 100주년을 기념하여 만든 나니와 바다의 시공관이다. 이곳에서는 세계의 해양 교류부터 오사카 바다의 역사까지, 해양의 중요성을 정확히 인식할 수 있도록 해 놓았다. 관내

텐포잔대관람차

- P119A2
- 지하철 츄오센(中央線) 오사카코(大阪港)역에서 도보5분
- 오사카시 미나토구 카이간도리(大阪市港区海岸通1-1-10)
- (06)6576-6222
- 10시~22시(마지막 매표시간: 21시30분까지)
- 부정기 휴업
- ¥700

오사카항 역에서 카이유칸쪽으로 가다보면 거대한 관람차가 눈에 들어온다. 직경 100m, 높이 112.5m의 관람차는 높이 올라가면 오사카항이 발아래 있어 그 경치가 매우 아름답다. 날씨가 좋을 때는 고베 일대와 더 먼 아카시카이쿄대교(明石海峽大橋)와 칸사이국제공항까지 시야에 들어온다. 밤이 되면 관람차 안에서 즐기는 야경도 일품이지만, 오색빛깔을 뿜어내는 관람차자체도 매우 아름답다. 조명의 색깔은 다음 날의 일기예보에 따라 변하는데 빨간색은 맑음, 녹색은 흐림, 파란색은 비를 나타낸다.

에는 에도시대의 배가 있는데 마치 3D입체영화를 보는 것 같다. 그 외에도 움직이는 각종 시설들 이 있어 많은 부모들이 아이를 데리고 이곳을 찾는다.

산타마리아호

🧭 P119A2

🚇 지하철 츄오센(中央線) 오사카코(大阪港)역에서 도보5분

🏠 오사카시 미나토구 카이간도리 (大阪市港区海岸通1-1-10)

📞 (06)6942-5511

🕐 운행시간– 낮: 11시~17시(정시에 한번씩), 7, 8월에는 18시도 있음; 야간(예약필요): 19시, 7월 중순에서 8월말에는 19시 30분에 출발

🈺 12월에는 오후에 운행하지 않음; 야간 운행은 4. 29~10월 (10월은 금,토,일 및 공휴일만 운행, 7~8월에는 매일운행)

💲 오후 운행(50분소요 오사카만 관광)– 어른: ¥1,500, 어린이: ¥750; 야간 운행(105분소요)– 어른: ¥2,500, 어린이: ¥1,250) 오사카만을 감싸며 운행하는 복

고풍 유람선인 산타마리아호는 카이유칸에서 출발하여 USJ, 관람차, 텐포잔대교 및 55층의 WTC 코스모타워 등의 오사카만의 여행코스를 돌며 풍경을 감상할 수 있다. 미국의 콜럼버스호의 2배 크기로 지어진 산타마리아호는 그 자체가 매우 운치 있다. 아래층에는 박물관이 있어 콜럼버스의 관련 자료를 전시해 놓고 있다.

ATC 아시아태평양 트레이드센터

P119A3

지하철 츄오센(中央線) 이용, 오사카코(大阪港)역에서 OTS선으로 환승 후 뉴토라무토레도센타(ニュートラムトレードセンター)역에 서 하차

오사카시 스미노에구 난코키타(大阪市往之江区南港北2-1-10)

(06)6615-5230

11시~20시

부정기 휴무

33만5천 평방미터가 넘는 면적의 ATC는 모든 오락 여가시설이 모여 있는 곳이다. 아울렛 쇼핑센터인 MARE, 볼링장, 전자게임센터, 가구 잡화 전시장들이 있고 레스토랑도 많이 있다. 비정기적으로 이벤트가 자주 열리는데 휴일이 되면 벼룩시장이 열리기도 해서 매 주말마다 이곳에서 하루 종일 시간을 보내는 가족들도 많다.

쇼핑

링크 프리미엄 아울렛
Rinku Premium Outlet

P119A3

오사카시 텐노지(天王寺)역, 난바(難波)역에서 난카이혼센(南海本線) 이용, 링쿠타운(りんくうタウン)역에서 하차, 도보10분

오사카부 이즈미사노시 린쿠오라이미나미(大阪府泉佐野市リンク往来南3-28)

(0724)58-4600

1~7월, 9~12월: 10시~20시, 레스토랑: 11시~20시, 8월: 10시~21시

2월 셋째주 목요일

www.premiumoutlets.co.jp

할인매장인 링크 프리미엄 아울렛은 200여개의 매장과 레스토랑이 있다. 75개의 의류매장, 8개

의 잡화점, 14개의 가죽 제품 매장, 11곳에 이르는 레스토랑과 카페가 있다. 의류 매장은 North Face, Timberland, Gap 등 등산복 및 캐주얼 브랜드가 많다. 옷 종류가 많을 뿐 아니라 특가 상품의 가격이 매우 저렴하다.

호텔 킨테츠 유니버설 시티

Hotel近鉄Universal City

P119B1

JR사쿠라지마센(桜島線) 유니버설시티(ユニバーサルシティ)역에서 도보3분

오사카시 코노하나구 시마야(大阪市此花区島屋6-2-68)

(06)6465-6000

팩스: (06)6465-6040

캐주얼 룸: ¥16,380~¥34,020, 캐릭터 캐주얼 룸: ¥18,060~¥35,700

www.miyakohotels.ne.jp/hotel-kintetsu/index.html

USJ에서 하루 종일 보내고 싶다면 근처 호텔에서 하루를 묵는 것도 좋은 방법이다. 이곳은 USJ에서 공인, 협력하여 만든 호텔이라서 USJ의 즐거운 분위기를 느낄 수 있다. USJ의 인기 캐릭터인 딱따구리가 입구에서부터 손님들을 반갑게 맞이하고, 중앙 홀의 벽에는 커다란 캐릭터 관련 조각품들이 많이 있다. 이곳에 들어서면 깜짝 놀랄 만한 일들이 많은데 가장 재미있는 것은 모던한 스타일의 객실 안에 놓인 침대시트부터 물품까지 전부 화려한 캐릭터들이 그려져 있다는 것이다. 또 각국 레스토랑의 맛있는 음식을 먹을 수 있고, 호텔 카운터에서 USJ 입장권을 할인된 가격에 구입할 수 있다.

웰선피아 나니와

Welsunpia なにわ

P119A3

오사카시 스미노에구 난코히가시(大阪市往之江区南港東8-4-47)

(06)6614-1133

¥6,600~¥21,600

www.kjp.or.jp/hp_74/

호텔 오사카 베이타워

Hotel 大阪 BayTower

P119B1

오사카시 미나토구 벤텐(大阪市港区弁天1-2-1)

(06)6577-1111

¥13,860~¥23,100

www.osaka-baytower.com/index.html

칸쿠 호텔 선플러스

関空 Hotel Sunplus

오사카부 이즈미사노시 미나토(大阪府泉佐野市湊3-3-4)

(072)461-2911

¥6,300~¥12,600

hotelsunplus.com

하얏트 리젠시 오사카

Hyatt Regency 大阪

P119A3

오사카시 스미노에구 난코키타(大阪市往之江区南港北1-13-11)

(06)6612-1234

¥22,000~¥32,000

www.hyattregencyosaka.com/index_pc.html

고베

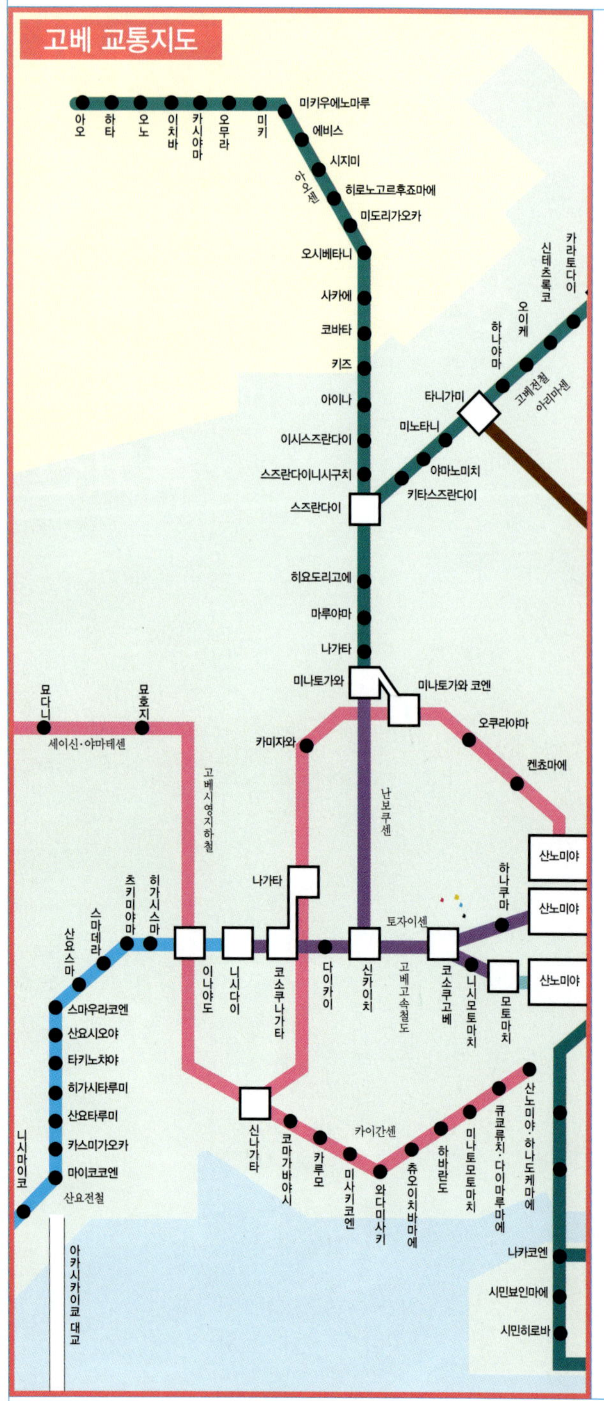
고베 교통지도
미카우에노마루
에비스
시지미
히로노고르후죠마에
미도리가오카
오시베타니
사카에
코바타
키즈
아이나
이시스즈란다이
스즈란다이니시구치
스즈란다이
히요도리고에
마루야마
나가타
미나토가와
미나토가와 코엔
오쿠라야마
켄쵸마에
카미자와
아오
하타
오노
이치바
카시야마
오무라
미키
아오셴
카라토다이
신테츠록코
오이케
하나야마
타니가미
미노타니
야마노미치
키타스즈란다이
고베전철 아리마센
묘다니
묘호지
세이신·야마테센
고베시영지하철
난보쿠센
산노미야
산노미야
산노미야
하나쿠마
나가타
츠키미야마
히가시스마
스마데라
산요스마
이나야도
니시다이
코소쿠나가타
다이카이
신카이치
토자이센
고베고속철도
코소쿠고베
니시모토마치
모토마치
스마우라코엔
산요시오야
타키노챠야
히가시타루미
산요타루미
카스미가오카
마이코코엔
니시마이코
산요전철
아카시카이쿄 대교
신나가타
코마가바야시
카루모
미사키코엔
와다미사키
카이간센
츄오이치바마에
하바란도
미나토모토마치
큐쿄류치·다이마루마에
산노미야·하나도케마에
나카코엔
시민뵤인마에
시민히로바

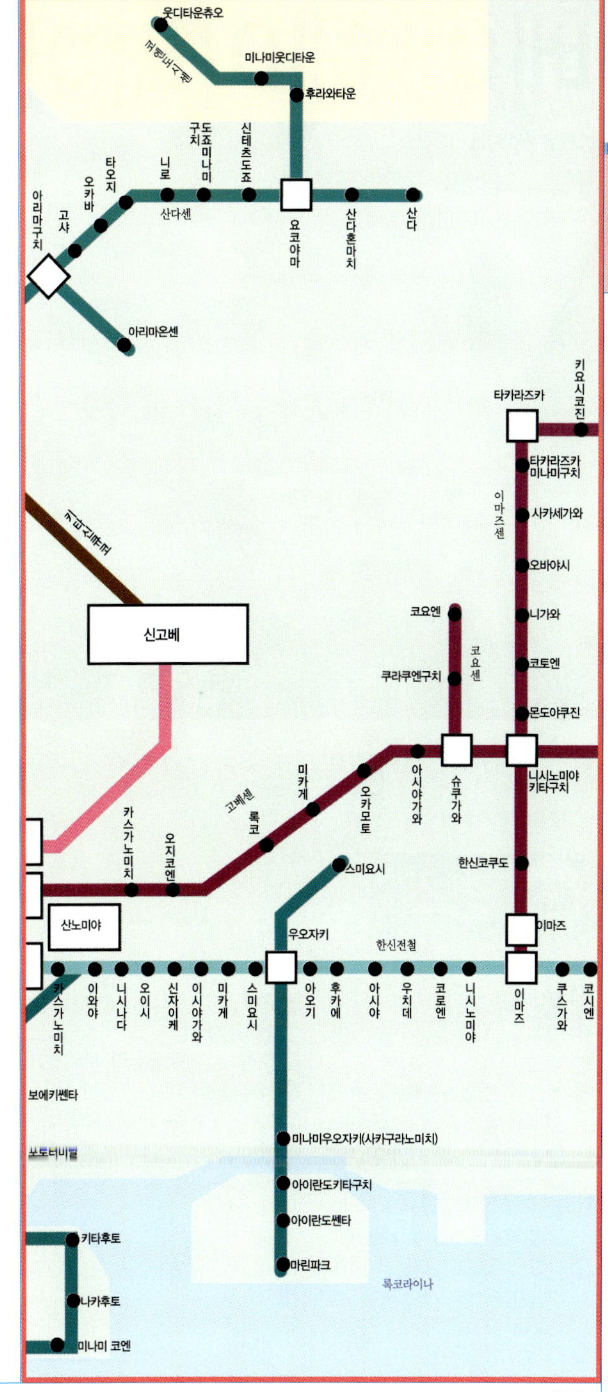

웃디타운츄오
미나미웃디타운
후라와타운
구도죠미나미
신테츠도죠
타오지
니로
오카바
타오지
고샤
아리마구치
산다센
요코야마
산다혼마치
산다
아리마온센
신고베
타카라즈카
키요시코진
타카라즈카미나미구치
사카세가와
이마즈센
오바야시
니가와
코토엔
코요엔
코요센
쿠라쿠엔구치
몬도야쿠진
미카게
오카모토
아시야가와
슈쿠가와
니시노미야키타구치
고베센
록코
카스가노미치
오지코엔
스미요시
한신코쿠도
산노미야
카스가노미치
이와야
니시나다
오이시
신자이케
이시야가와
미카게
스미요시
우오자키
아오기
후카에
아시야
우치데
코로엔
니시노미야
이마즈
쿠스가와
코시엔
한신전철
이마즈
보에키쎈타
뽀또터미털
미나미우오자키(사카구라노미치)
아이란도키타구치
아이란도쎈타
마린파크
키타후토
나카후토
미나미 코엔
록코라이나

베이 에이리어

Bay Area

고베의 항구는 바다를 구경할 수 있는 가장 좋은 장소이다. 공원의 잔디에서 쉬기도 하고, 높이 솟은 탑에서 경치를 바라볼 수 있으며, 유람선을 타고 바다를 감상할 수도 있다. 그 외에 박물관, 쇼핑센터, 레스토랑 등이 모여 있어 즐거운 여가생활을 보낼 수 있다.

고베카쵸엔
神戸花鳥園

- P133B2
- JR, 한큐전철(阪急電鉄), 한신전철(阪神電鉄) 이용, 산노미야(三の宮)역에서 포토라이나쿠코센(ポートライナ空港線) 환승 후, 포토아이란도미나미(ポートアイランド南)역에서 하차, 도보1분
- 고베시 츄오구 미나토지마 미나미마치(神戸市中央区港島南町 7-1-9)
- (078)302-8899

- 9시30분~17시30분(마지막 입장시간:17시)
- 어른: ¥1,500, 초등학생: ¥700
- www.kamoltd.co.jp/kobe

2006년 오픈한 고베카쵸엔은 꽃과 새의 감상을 테마로 공원 대부분이 실내 공간으로 되어 있어서 한여름이나 비오는 날에도 여유롭게 둘러볼 수 있다. 들어가자마자 270도로 돌아가는 카쵸엔의 간판을 볼 수 있는데, 귀여운 새의 머리로 되어 있다. 귀여운 펭귄이 입구에서 손님들을 기다리고

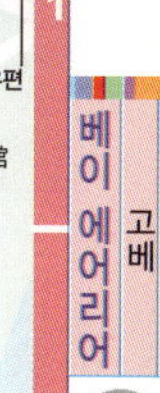

공원 내에서는 정해진 시간에 새에게 모이를 주는 공연을 한다. 또 레스토랑에서 차를 마시거나 식사를 하면서 한가한 오후를 보낼 수도 있다. 가장 인기 있는 곳은 직접 새를 만져볼 수 있는 화원구역으로 직원들이 공연을 하고 나면 새를 직접 만져볼 수 있다.

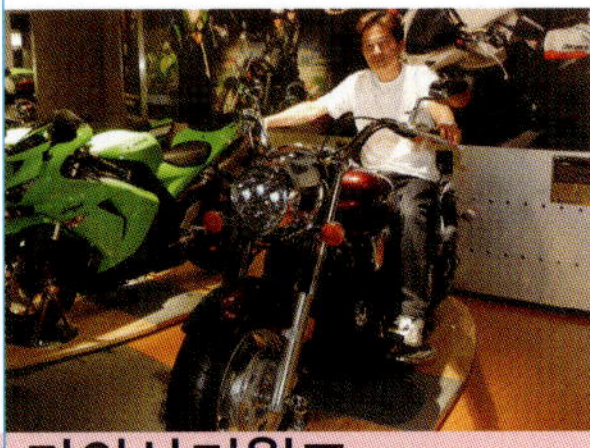

카와사키월드

川崎 World

P133B1

JR고베센한신혼센(神戸線阪神本線) 모토마치(元町)역에서 도보15분

고베시 츄오구 하토바쵸(神戸市中央区波止場町2-2)

(078)327-8983

10시~17시(마지막 입장 시간: 16시30분)

월요일

어른: ¥500, 학생: ¥250

www.khi.co.jp/kawasakiworld

카와사키월드는 카와사키중공업이 투자한 곳이다. 이곳에서는 관련 제품들을 둘러볼 수 있으며 그 중에서도 카와사키의 오토바이를 만져보고 타볼 수 있어 남성들이 좋아하는 곳이다. 체험공간이 많은 이곳은 기차, 배 등의 발전과정을 알 수 있어, 교육적으로도 유익하다. 특히 카와사키에서 제작한 센베이(煎餅)도 기념품으로 좋다.

메리켄파크

Meriken Park

P133B2

JR 고베센한신혼센(神戸線阪神本線) 모토마치(元町)역에서 도보10분

고베시 츄오구 하토바쵸(神戸市中央区波止場町)

메리켄파크에는 두 개의 큰 건축물이 있는데 하나는 해양박물관, 다른 하나는 고베포트타워(神戸 Port Tower)이다. 고베 해양 박물관의 외관은 흰색 그물의 범선 모양을 하고 있으며, 밤이 되면 형광 빛으로 반짝인다. 관내에는 바다, 배, 항구를 테마로 고베항의 역사와 고베대지진을 소개하고 있다. 항구 주변에 우뚝 서 있는 108m높이의 빨간색 탑이 바로 고베포트타워이다. 5층에 있는 전망대에 오르면 칸사이 국제 공항, 아와지시마(淡路島), 북쪽으로는 효고현 고베시, 록코산(六甲山) 등이 보인다. 3층에는 360도로 회전하며 경치를 감상할 수 있는 커피숍이 있다.

쇼핑

캐널가든
Canal Garden

- P133A2
- JR 고베센(神戸線) 고베(神戸)역에서 하차, 고베지하철 카이간센(海岸線) 하바란도(ハーバーランド)역에서 도보10분
- 고베시 츄오구 히가시카와사키쵸(神戸市中央区東川崎町1-7-4)
- (078)360-5050
- 각 상점에 따라 영업시간 다름

모자이크 가든(Mosaic Garden)에서 공중으로 나 있는 길을 통과하면 캐널가든(Canal Garden)이 나온다. 이곳에는 한큐 백화점과 다이에이백화점이 있다. 길고 쭉 뻗은 길에는 형형색색의 꽃들이 심어져 있다. 또 중간엔 나무를 둘러싼 원형의 벤치가 있어 쇼핑을 하다 힘이 들면 이곳에 앉아 커피를 마시며 쉴 수도 있다.

모자이크 가든
Mosaic Garden

- P133A2
- JR 고베센(神戸線) 고베(神戸)역에서 도보8분
- 고베시 츄오구 히가시카와사키쵸(神戸市中央区東川崎町1-6-1)
- (078)360-1722
- 11시~20시, 각 상점에 따라 다름
- 관람차: ¥600

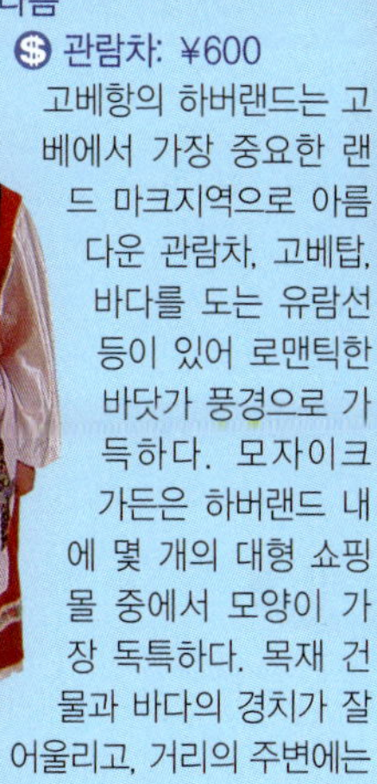

고베항의 하버랜드는 고베에서 가장 중요한 랜드 마크지역으로 아름다운 관람차, 고베탑, 바다를 도는 유람선 등이 있어 로맨틱한 바닷가 풍경으로 가득하다. 모자이크 가든은 하버랜드 내에 몇 개의 대형 쇼핑몰 중에서 모양이 가장 독특하다. 목재 건물과 바다의 경치가 잘 어울리고, 거리의 주변에는 꽃이 심어져 있으며 조그마한 다리 아래로는 물이 흐른다. 바다와 닿아있는 곳에는 넓직한 공간이 있어 밤에는 아름다운 고베항의 야경을 감상할 수 있고 여름에는 해상 불꽃놀이를 구경하기에 가장 좋은 장소이다. 3층의 공간 내에는 계단과 다리가 불규칙적으로 서로 연결되어 있고 백 여개의 상점들이 입점해 있다.

고베스위트하버
神戸 Sweet Harbor

- P133A2
- JR 고베센(神戸線) 고베(神戸)역에서 하차, 고베지하철 카이간센(海岸線) 하바란도(ハーバーランド)역에서 도보2분
- 고베시 츄오구 히가시카와사키쵸 고베하버랜드센터 비즈키스(神戸市中央区東川崎町1-3-3 神戸ハーバーランドセンター Bee's Kiss 1F)
- (078)362-8000
- 10시~22시
- www.beeskiss.com

　항구도시 고베는 달콤한 스위트 푸드로 유명하다. 2004년 탄생한 일본에서 가장 큰 스위트 푸드 테마파크인 고베스위트하버는 입구에서 일본의 스위트 푸드의 역사를 한 눈에 볼 수 있다. 메이지(明治), 타이쇼(大正)시대의 오래된 항구의 모습을 재현하여 고베를 마스코트화 시켰다. 실내에서 당시의 시가지 모습과 항구 주변 풍경을 감상할 수 있고, 배 모양의 자리에 앉아 각종 스위트푸드를 먹을 수 있다.

코코
Ko*co

　"이곳은 행복을 맛보고 건강을 찾자"라는 것을 모토로 웃음을 주는 스위트 푸드를 표방한다. 특히 귀여운 동물의 모습을 한 음식들은 여성들과 어린이들이 좋아한다. 인기 메뉴는 초콜릿 케이크인 Papa와 딸기 케이크인 MaMa로 크림으로 가득한 케이크에 안경과 코를 그려 넣은

귀여운 강아지의 모습을 하고 있어 보는 사람들을 미소 짓게 한다.

매직아이스
Magic Ice

매직아이스의 특징은 이탈리아의 바닐라 아이스크림과 매일 아침 배달되는 신선한 과일을 영하 30도의 신기한 철판에서 믹스하여 만들어낸다는 것이다. 기다리는 동안 TV화면을 통해 아이스크림을 만드는 전 과정을 볼 수 있다.

비고노미세
Bigotの店

프랑스 파티세 비고는 프랑스의 전통적인 제과제빵 기술을 널리 알리고자 노력하여 시라크 전 프랑스 대통령에게 훈장을 받았다. 도쿄 본점은 빵을 위수로 판매하지만, 스위트 하버 지점은 계절에 따라 신선한 제철 과일을 주재료로 하여 15종 이상의 프랑스 전통스위트 푸드를 메인메뉴로 한다. 모든 원재료가 프랑스에서 공수된 것으로 현지의 맛에 가장 가깝게 만들어낸다. 여성들이 좋아하는 패스트리는 최고의 인기메뉴이다.

최고의 인기 메뉴는 두유를 넣은 흰색의 바닐라 아이스크림에 신선한 딸기를 넣은 딸기아이스크림인데, 부드러운 딸기 맛이 입 안 가득 퍼져 매우 달콤하고 맛있다.

아트리에 드 리브
Atelier de Reve

도쿄의 시로카네(白金)지역은 지가가 매우 높아서 부자들이 거주하는 곳인데, 그 곳에 사는 돈 많은 부인들은 삶의 여유가 넘쳐 특색 있고 고급스러운 레스토랑과 스위트 푸드 전문점을 찾아다닌다고 한다. 이곳은 그런 시로카네 지역에서 온 맛집이다. 특별히 스위트 하버 매장을 위해 만든 다라탄 후류이는 이곳에서만 맛볼 수 있는데, 바삭하고 고소한 빵 위에 과일을 듬뿍 올려놓고 카스타드 크림을 얹어 오븐에 넣고 구우면 은은하면서도 달콤한 향기가 전해져와 입에 저절로 군침이 돈다.

숙박

포트피아호텔
Portpia Hotel

- P133B1
- 고베 산노미야(三の宮)역에서 무료셔틀버스 이용
- 고베시 츄오구 미나토지마나 카마치(神戸市中央区港島中町6-10-1)
- (078)302-1111
- FAX: (078)302-6877
- ¥10,000~¥30,000
- www.portopia.co.jp

포트 아일랜드(Port Island)에 있는 포트피아호텔은 고베 시내에서 차로 10분정도 떨어진 곳에 있는 호텔이다. 바다 근처에 있어 전망이 매우 좋고 호텔 내에 다양한 위락 시설이 구비되어 있다. 그 외에 호텔에서 고베 산노미야역과 호텔을 오가는 무료셔틀버스를 운행하고 있다. 또 칸사이 국제 공항에서 배를 타고 호텔로 올 수 있는데, 30분정도 소요된다. 배에서 내린 후 무료 셔틀버스를 타고 5분정도면 호텔에 도착할 수 있다.

고베 타워사이드 호텔
神戸 Towerside Hotel

- P133B1
- 고베시 츄오구 하바토쵸(神戸市中央区波止場町6-1)
- (078)351-2151
- ¥8,000~¥16,000
- www.towerside.com/towerside/index.html

치산호텔 고베
Solare Hotel 神戸

- P133A1
- 고베시 츄오구 나카쵸도리(神戸市中央区中町通2-3-1)
- (078)341-8111
- ¥7,800~¥16,800
- www.solarehotels.com/ch_kobe

호텔 고베시슈엔
Hotel 神戸四州園

- P133A1
- 고베시 츄오구 아이사이쵸(神戸市中央区相生町4-7-18)
- (078)341-2944
- ¥8,295~¥17,850
- www.kobe-shisyuen.com

뉴오타니 고베 하버랜드
Newotani 神戸 Harborland

- P133A1
- 고베시 츄오구 히가시카와사키쵸(神戸市中央区東川崎町1-3-5)
- (078)360-1111
- ¥10,500~¥31,500
- www.newotani.co.jp/kobe

산노미야, 모토마치

三の宮, Sannomiya · Motomachi

산노미야, 모토마치 부근은 고베에서 가장 번화한 곳으로 JR, 한큐, 한신, 시영 지하철 등 주요 지하철 노선이 산노미야에서 교차된다. 인공섬인 포트아일랜드로 가는 포트라이너 역시 산노미야에서 출발한다. 전차 궤도를 기준으로 가로로 선을 그으면 남쪽에는 OPA 등의 백화점들이 자리하고, 북쪽에는 번화한 상점가, 레스토랑이 있어 젊은이들이 많이 모이며, 거리에서는 공연이 펼쳐진다. 모토마치에는 모토마치 상점가와 중국 먹자골목인 난킨마치(南京町)가 있어 휴일에는 늘 사람들로 북적인다.

고베 루미나리에
神戸 Luminarie

- 12. 12~12. 25: 18시~22시30분, 주말 및 휴일: 17시30분~22시30분

1995년 1월 17일 새벽, 대지진으로 고베의 본래 모습은 사라져버렸지만, 이후 고베는 새로운 모습으로 변화를 거듭하고 있다. 그중에서 1995년부터 시작된 고베 루미나리에는 가장 눈에 띄는 변화 중 하나이다. 루미나리에라는 말은 이태리어로 조명장식이라는 뜻

이쿠타신사
生田神社 Ikutajinja

- P139B1
- JR, 한큐전철고베센(阪急電鉄神戸線) 이용, 산노미야(三の宮)역에서 하차, 서북쪽으로 도보5분
- 고베시 츄오구 시모야마테도리(神戸市中央区下山手通1-2-1)
- (078)321-3851
- 10시~16시

고베의 지명은 바로 이 이쿠타신사에서 유래된 것이다. 옛날 이 신사를 관리하던 사람의 이름이 바로 고베였는데, 세월이 흐르면서 이 이름이 지역전체를 일컫는 이름이 된 것이다. 일반적인 일본 신사와는 달리 이쿠타신사는 붉은색의 문과 주전으로 화려하게 만들어졌다. 신사 뒤에는 숲이 있는데 특이한 점은 그 중에 소나무는 한 그루도 없다는 것이다. 원래 이 신사의 뒷산은 소나무 숲이었는데, 어느 날 홍수로 전부 유실되고 덕분에 신사도 함께 물에 휩쓸려

서, 그 후로는 소나무를 심지 못하게 한다고 전해진다. 그래서 그런지 무성한 나무들 가운데 소나무

구 거류지
旧居留地 kyukyoryuchi

- P139A2
- JR고베센 모토마치(元町)역 동쪽 출구에서 남쪽으로 도보5분·JR고베센(神戸線) 산노미야(三の宮)역에서 서쪽으로 도보10분·시내순환버스 승차, 모토마치잇쵸메(元町一丁目)에서 하차

이다. 15만 여 개의 조명이 동시에 켜지면서 어두운 밤을 환하게 비추며 환상적이고 아름다운 풍경을 만들어낸다. 고베 루미나리에에는 대지진의 희생자에 대한 위로와 생존자들의 용기를 통한 삶의 감동을 표현하고 있다. 또 상처를 딛고 일어선 고베의 부활과 부흥을 의미하기도 한다.

는 한 그루도 없다. 이쿠타 신사는 거의 매일 참배객들이 줄을 잇는다. 주차장도 빈 자리가 없이 자가용과 관광버스로 가득하다.

🏠 고베시 츄오구(兵庫県神戸市中央区)
　고베의 마루이백화점 뒤에는 르네상스 스타일의 건물이 하나 있는데 이 건물이 있는 곳이 바로 구 거류지(旧居留地)이다. 이곳은 고베의 이국적인 정취를 잘 나타내는 곳으로, 100년 전 고베 개항 시에 조성된 거리이다. 옛 건축물과 기념비들이 많이 남아있어 어디에서나 역사의 숨결을 느낄 수 있다. 지난 고베 대지진 때 많은 건물들이 크고 작은 훼손을 입었지만 그 후 상처를 딛고 일어나 더 많은 브랜드 상점과 노천카페가 생겨났다. 도로 자체도 더 널찍하고 쾌적해져서 이국적인 유럽의 분위기가 넘치는 곳이 되었다.

쇼핑

메디테라스
MEDITERRASSE

P139A1

JR 고베센(神戶線), 한신혼센(阪神本線), 한큐고베센(阪急神戶線) 이용, 시영지하철 산노미야(三の宮)역에서 하차, 도보5분

고베시 츄오구 산노미야쵸(神戶市中央区三の宮町2-11-3)

(078)335-2181

쇼핑: 11시~21시, 레스토랑: 11시~23시, 주말 및 휴일: 11시~21시

부정기 휴업

www.mediterrasse.jp

고베 산노미야 거리에 유럽의 작은 해안 도시를 옮겨 놓은 것 같은 쇼핑센터가 있다. 2005년 말 오픈한 메디테라스(MEDITERRASSE)는 사람들의 시선을 끄는 특별한 외관으로 고베의 새로운 명소가 되었다. 이곳은 Zucca, Indivi등 일본의 유명 브랜드 회사인 World가 만든 첫 번째 쇼핑센터로, [상상의 세계에서 보물찾기]를 테마로 내부를 꾸며놓았다. 1층 입구에 있는 돌계단을 따라 2층에 올라가면 가장 먼저 21m높이의 확 트인 공간이 눈에 들어온다. 특히 메디테라스는 영화 촬영 도구 제작 전문가들을 초청해 인테리어를 맡겼는데, 실내에 또 다른 외부 공간을 만들어 조경을 하고 폭포를 만들어 놓아 쇼핑을 하기 위해 이곳을 찾는 여성들에게 더 큰 즐거움을 안겨준다.

아오야마 플라워마켓
青山FlowerMarket

도쿄에서 온 이곳은 메디테라스에 자연을 더하고 새로운 라이프 스타일을 만들어 내고 있다. 우피지로 만든 꽃다발은 이곳이 원조이며, 가장 환영 받고 있다. 가격도 저렴해 많은 직장인들이 이곳을 찾아 꽃을 한아름 사들고 집으로 돌아간다.

탈리스 카페
Café Tully's et Quiche&Tarte

이 카페는 도쿄의 인기 맛집과 합작하여 최고급 커피, 타르트 등을 판매한다. 요람모양의 카운터와 화려한 스탠드 조명이 메디테라스의 분위기와 잘 어우러져 프랑스

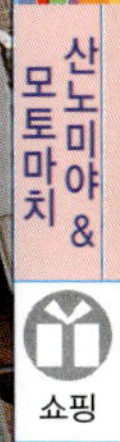

남부 시골마을의 분위기가 물씬
풍긴다.

카페 마디 핏체리아
Café Madu Pizzeria

4층에 자리한 이곳은 메디테라스
와 아주 잘 어울리는 곳이다. 간단
한 음식을 주로 파는데 화덕에서
금방 구운 따뜻한 피자도 맛볼 수
있다. 또, 공중 정원이 있어서 따뜻
한 햇볕아래 향이 은은한 커피를
마시며 여유로운 한 때를 보낼 수
있다. 4층에 자리한 이곳은 메디테
라스와 아주 잘 어울리는 곳이다.
간단한 음식을 주로 파는 이곳에
서는 화덕에서 금방 구운 따뜻한
피자도 맛볼 수 있다. 또, 공중 정원
이 있어서 따뜻한 햇볕아래 향이 은
은한 커피를 마시며 여유로운 한 때
를 보낼 수도 있다

욘카
Yon-Ka

백화점의 화장품코너는 보통 1층
에 자리하고 있지만, 메디테라스는
지하 1층에 배치했다. 여성들을 위
한 세심히 배려라고 할 수 있는데,
독자적으로 수입한 유럽, 미국의
인기제품을 마음껏 사용해 볼 수

있으므로 아름다워지고 싶은 여성
이라면 꼭 와서 둘러보자.

메디테라스 오리지널
Mediterrasse Original

1층에 자리한 이곳은 메
디테라스 스타일에
가장 잘 맞는 엄선된
브랜드의 상품을 판
매한다. 이곳 주인
이 특별히 추천하는
것은 원피스 정장이
다. 어린아이의 귀여
움과 여인의 섹시함
을 동시에 표현할 수
있는 원피스는 탈착
의도 편하기 때문에 많은 여성들이
찾고 있다.

슈즈 & 백
Shoes & Bag

예쁜 가방과 구두 앞에서 여성들
은 종종 한없이 무력해진다. 35개
브랜드의 최상품만을 들여와 판
매하는 슈즈 & 백은 20~30세 사
이의 여성을 타깃으로 계절에 맞
는 스타일과 유행에 맞는 상품들
이 가득하여 많은 여성들의 사랑
을 받고 있다.

코카시타상점가

高架下商店街

P139A1

JR산노미야역(三の宮)에서 서쪽 방향으로 전차노선을 따라 전진, 고가다리 아래 위치한 JR모

토마치(元町)역

JR산노미야 역에서 서쪽으로 가다 보면 전차노선을 따라 뻗어 있는 고가도로가 나온다. 그 도로를 따라가다 보면 JR모 토마치역이 나오는데 이곳이 바로 200m에 이르는 쇼핑거리이다. Piazza kobe라고도 불리는 이곳은 이태리어로 지붕이 있는 거리라는 뜻이다. 이곳에는 100여 개의 상점들이 모여 있으며 젊은이들이 좋아하는 유행 의류, 개성 넘치는 상품들이 각 상점마다 숨어 있다. 조그마한 상점 안에 매우 많은 제품들이 있기 때문에 잘 선택해야 한다.

모토마치 상점가

元町商店街

P139A1

JR 고베센(神戶線), 한신혼센(阪神本線), 한큐고베센(阪急神戶先), 시영지하철 이용, 산노미야(三の宮)역에서 하차·JR, 한신 모토마치(元町)역에서 도보5분

고베시 츄오구 모토마치(神戶市

中央区元町)

고베고속철도 토자이센 니시모토마치사이에 동서쪽으로 2km로 뻗어 있는 모토마치 상점가에는 백화점, 레스토랑, 서점, 과자점, 베이커리, 생활 잡화점, 기념품점, 드럭 스토어 등 모든 상점들이 모여 있다. 또 상점가 위에는 지붕이 덮여 있어서 밖에서 바람이 불거나 비가 와도 여유롭게 쇼핑을 즐

스트랏쵸

Stra Raggio

P139A2

JR 고베센(神戶線), 한신혼센(阪神本線) 이용, 모토마치(元町)역에서 하차, 도보5분

고베시 츄오구 모토마치 도리(神戶市中央区元町通1-7)

(078)392-2002

11시~20시

스트랏쵸는 고베 모토마치의 Vega 쇼핑센터 2층에 있는 인기 있는 의류매장이다. 일본, 유럽, 미국 각지에서 엄선된 정상급

브랜드 상품만을 들여온다. 그 중에서도 데님브랜드인 Reply, D&G, Just Cavalli 등의 이태리 브랜드가 가장 많다. 고베 여성들의 스타일은 일본전역에서 유행이 된다. 그

래서 스트랏쵸의 옷들은 고베 여성들을 타깃으로 하고 있다. 3층은 남성복 계열로 다른 곳에서는 흔히 찾아볼 수 없는 옷들이 많다.

길 수 있다.

스티뮤러스
Stimulus

- P139A1
- JR, 한큐전철고베센(阪急電鉄神戸線) 이용, 산노미야(三の宮)역에서 하차. 도보 8분
- 고베시 츄오구 산노미야쵸 메디테라스(神戸市中央区三の宮町2-11-3mediterrasse3F)
- (078)335-2181
- 11시~21시
- 부정기 휴업
- directstyle.world.co.jp/ ladies/stimulus

World는 많은 사랑을 받고 있는 Index, Indivi, OZOC, Untitled 등 산하 브랜드들을 가진 의류 회사로, 스티뮤러스 역시 그중 하나이다. 메디테라스 3층에 위치한 스티뮤러스는 World의 브랜드 중 일본에서 독창적으로 디자인된 몇 안 되는 브랜드 중 하나이다.

145

식당

난킨마치
南京町

 P139A1

 JR 고베센(神戸線), 한신혼센(阪神本線) 이용, 모토마치(元町)역에서 하차, 도보5분

 고베시 츄오구 난킨마치(神戸市中央区南京町)

난킨마치는 고베의 차이나타운으로 언뜻 보기에는 홍콩의 축소판처럼 보인다. 금색과 빨간색을 기초로 한 건물들에 한자가 가득한 메뉴판은 중국적인 분위기를 물씬 풍긴다. 난킨마치에 오면 길거리에도 딤섬 노점상들이 많이 있어 길게 줄을 서서 기다릴 필요가 없다. 만두, 딤섬, 찹쌀 도너츠 등을 손에 들고 길을 걸으며 먹을 수 있다.

하이웨이
Highway

 P139A1

 JR, 한큐전철고베센(阪急電鉄神戸線) 이용, 산노미야(三の宮)역에서 하차, 도보5분

 고베시 츄오구 야마모토도리(神戸市中央区山本通2-13-7)

 (078)331-7622

 12시~20시30분

 월요일, 매월 셋째주 화요일

 고베스테이크세트: ¥8,400부터

고베의 유명한 스테이크 집 중 하나로 가게의 이름을 일본의 대문호인 타니자키 준이치로(谷崎要一郎)가 지어준 것으로 유명하다. 이곳 주인은 원래 우편선에서 주방을 담당했는데, 주로 부자들을

레스토랑 몬
Restaurant 門

P139B1

JR, 한큐전철고베센(阪急電鉄神戸線)이용, 산노미야(三の宮)역에서 하차, 도보5분

고베시 츄오구 키타나가사도리(神戸市中央区北長狭通2-12-12)

(078)331-0372/ 11시~21시

休 매월 셋째 주 월요일

레스토랑 몬은 고베 스테이크 전문점으로 양이 매우 많아서 친구나 가족들과 함께 갈 때는 2~3개의 메뉴만 주문해도 배불리 먹을 수 있다. 주인의 말에 따르면 레스토랑의 이름이 몬(門)인 이유는 전세계의 선원들이 각국 요리를 고베에 가져와 맛있는 음식을 먹을 수 있는 문이라는 뜻에서 지었다고 한다. 가게 이름처럼 가게 안에는 다양한 메뉴가 걸려 있다. 과거의 메뉴들이 지금은 골동품이나 보물처럼 걸려 있다. 이곳 주인이 정성껏 모으고 있는 이 메뉴판은 외국에도 진출해 전시된다고 한다.

위한 고급요리를 만들었고, 당시의 메뉴에 연구를 거듭하여 더 고급스러운 맛을 만들어 냈다. 바로 이 맛이 하이웨이가 지금까지 이어온 수 있는 힘이 되었다.

고베스테이크

고베스테이크는 일본 최고급 쇠고기 요리중 하나로 기름기가 촘촘히 교차되어 있는 모양이 겨울에 내리는 서리 같아 보여서 시모후리(霜降) 쇠고기로도 불린다. 고베 스테이크는 쇠고기의 특성을 잘 살려 약한 불에서 천천히 구워 육즙이 스테이크 안에서 잘 보존되도록 하여 매우 부드럽다. 어떤 레스토랑에서는 철판구이를 손님의 눈앞에서 직접 조리하여 직접 눈으로 육질을 확인할 수 있게 하는데 역시 요리를 이용한 연출이라고 할 수 있다. 고급 레스토랑에서는 도자기 접시를 이용하여 고베 스테이크의 가치를 더한다.

147

고베스테이크
Kobe Stake

- P139B1
- JR, 한큐전철고베센(阪急電鉄神戸線) 이용, 산노미야(三の宮) 역에서 하차, 도보1분
- 고베시 츄오구 카노쵸(神戸市中央区加納町4-3-3B1)
- (078)391-2581
- 11시30분~15시, 19시~21시
- 부정기 휴업
- 점심: ¥5,000, 저녁: ¥5000~ ¥15,000

산노미야 역 옆에 위치한 고베 스테이크는 이미 50여 년의 역사를 가지고 있다. 가게에 들어서면 중앙에 있는 아름다운 크리스탈 조명이 은은한 분위기를 만들어낸다. 고급스러운 분위기의 레스토랑이지만 정장 차림이나 예약을 할 필요가 없기 때문에 걱정할 필요가 없다. 쇠고기는 고베 근교의 록코산에서 키우는 유명한 미타소(三田牛)를 사용하는데, 먼저 센 불에 재빨리 구워 쇠고기의 육즙이 흘러나오는 것을 막고 약한 불에서 천천히 다시 구워 육즙이 부드럽게 흘러나온다. 코펜하겐의 아

케니히스 크로네
Konigs Krone

- P139A2
- JR, 한큐전철고베센(阪急電鉄神戸線) 이용, 산노미야(三の宮)역에서 하차, 도보8분
- 고베시 츄오구 산노미야쵸(神戸市中央区三の宮町2-3-10)
- (078)331-7490
- 10시~20시
- Krone: ¥84, 슈크림: ¥84부터

유명한 스위트푸드가게인 이곳은 긴 슈크림을 판매하는데 주문을 받고 나서 속을 넣기 때문에 그 맛이 한층 뛰어나다. 심플해 보이는 크로네(Krone)는 가장 기본적

름다운 도자기 접시 위에서 은은
한 향기를 내는 고베 스테이크
에 자체 개발한 소
스를 곁들이면

그 맛이 일품이다.

이토그릴
伊藤 Grill

 P139A2

 JR 고베센(神戸線), 한신혼센(阪
 神本線) 이용, 모토마치(元町)역
 에서 하차, 도보5분

 고베시 츄오구 모토마치도리(神
 戸市中央区元町通1-6-6)

 (078)331-2818

 11시30분~15시, 17시~21시,

 수요일

 점심: ￥5,000,
 저녁: ￥8,000

 이곳은 오래된 스
테이크 전문점으로

1923년에 오픈했다. 원래의 맛을
고수하면서도 연구를 거듭하여 결
코 유행에 뒤처지지 않는다. 개업
이래 지금까지 이집이 걸어온 길
은 일본 양식사의 한 페이지와 같
다. 1대 주인이 원양 우편선에서
갈고 닦은 기술과 실력으로 이 집
을 세웠고 2대 주인은 숯불구이 법
을 시작했다. 프랑스에서 공부한 3
대 주인은 훌륭한 주류 메뉴를 만
들었다. 숯불구이의 장점은 높은
화력으로 육즙이 빠져 나가는
것을 막는다는 데 있다. 고기
의 기름기와 목탄의 향이 어
우러져 입과 코를 모두 즐겁
게 한다.

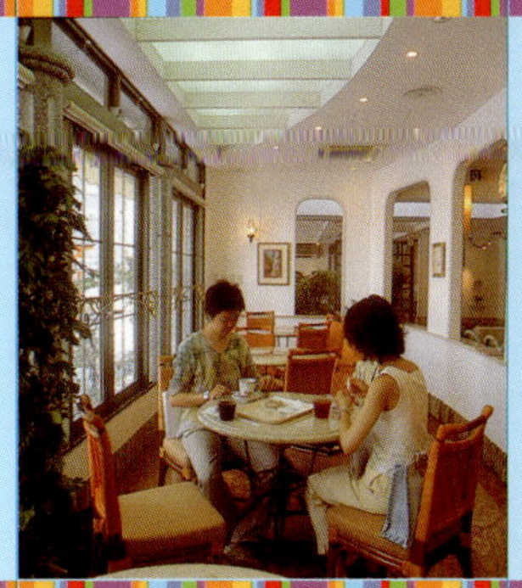

인 밀가루와 버터를 사용하여 만
든 것이다. 사실 간단한 간식일수
록 더욱 많은 노력이 필요한 법인
데, 속에 들어가는 팥 앙금은 무려
3년간의 연구를 통해 만들어진 것
이다. 산노미야 매장에서는 커피도
함께 판매하고 있으며, 매장내부가
넓고 쾌적하다. 1세트에 ￥578부터
로 가격 역시 적당하다.

과자공방 보쿠산 산노미야

菓子工房 Bokusan 三ノ宮

- P139A1
- JR, 한큐전철고베센(阪急電鉄 神戸線) 이용, 산노미야(三の宮) 역에서 하차, 도보5분
- 고베시 츄오구 산노미야쵸(神戸 市中央区三の宮町2-8-1)
- (078)931-3955
- 11시~20시, Café: 12시~18시

30분

- 이치고다라케: ¥420, 코다와 리롤: ¥1,000
- www.bocksun.com

과자공방 보쿠산 산노미야는 저렴하면서도 맛있는 스위트 푸드를 지향한다. 고베 일대에만 5개의 매장이 있는데, 메뉴가 매우 다양하고 계절에 따라 출시되는 한정메뉴도 많다. 특별히 추천하고 싶은 것은 딸기케이크로 먹는 즉시 입안에 생크림향이 가득하다. 대표

후-케

Fouquet's

- P139B1
- JR, 한큐전철고베센(阪急電鉄 神戸線) 이용, 산노미야(三の宮) 역에서 하차, 도보8분

- 고베시 츄오구 야마테도리(神戸 市中央区下山手通2-1-1)
- ((078)392-0103
- 10시~22시, 금~토: 10시~23시
- 케이크: ¥262부터

후-케에는 특이한 점이 있는데

고베후게츠도

神戸風月堂

- P139A1
- JR 고베센(神戸線), 한신혼센(阪神本線) 이용, 모토마치(元町)역에서 하차, 도보5분
- 고베시 츄오구 모토마치도리(神戸市中央区元町通3-3-10)
- (078)321-5555
- 10시~19시

메뉴인 롤 케이크는 정성을 들여 만드는 제품으로 입에 들어가면 사르르 녹는 그 맛 때문에 모든 연령층의 손님들이 다 좋아한다. 산노미야 매장에는 카페가 딸려 있어서 걷다가 지치면 이곳에서 고베 최고의 케이크와 쿠키를 즐기며 휴식을 취할 수 있다.

겨울이건 여름이건 케이크 옆에 아이스크림을 얹는다는 것이다. 케이크를 다 먹고 아이스크림을 한입 먹으면 깔끔하고 개운하다. 이러한 손님에 대한 배려와 연구를 거듭한 끝에 30년 동안 끊임없이 고베 사람들의 사랑을 받고 있다. 대표 메뉴인 라폰테느는 스펀지케이크와 푸딩을 합쳐 부드럽다. 또 정통 케이크인 잣하토르테는 진한 초콜릿 향으로 가장 인기가 많은 메뉴이다.

고베양과자
神戸洋菓子

달콤하고 모양도 예쁜 고베 명물 중 하나이다. 1867년 고베가 개항된 후 외국의 상선들이 이곳에서 무역을 시작하면서 일본 음식문화의 새로운 페이지가 열리게 되었다. 문헌 기록에 의하면 20세기 초에 이르러 고베에 살던 외국인이 1500명에 달했다고 한다. 이 사람들의 음식 문화에 맞는 양식 레스토랑이 성행하게 되었으며, 케이크 전문점 역시 늘어났다. 영국, 프랑스 등 유럽에서 온 파티셰들이 신기한 맛의 서양식 디저트를 만들어 판매하였으며, 또 레스토랑의 베이커리에서 일하던 일본인들이 조금씩 그 기술을 배워, 빵을 기반으로 한 양과자 역사가 시작되었다.

💲 고프레선물상자: ¥1050
🕸 www.kobe-fugetsdo.co.jp

우아한 이름을 가진 후게츠도는 고베를 방문했을 때 꼭 가야하는 곳 중 하나이다. 대표메뉴인 고프레는 동그란 전병에 버터크림을 얇게 바른 것으로 딸기, 초콜릿, 바닐라 등 3가지 맛이 있다. 최근에는 맛차, 과일 맛을 새롭게 개발하였다. 메이지 30년에 오픈한 후게츠도는 줄곧 고베 과자의 장시자로 자부심을 가지고 있다. 고베기념품 시리즈를 출시해 관광 문화 상품으로까지 만들었으며, 판화가를 초청하여 고베의 풍경이 들어간 과자상자를 만들어 더욱 사랑받고 있다.

파티스리 그레고리 코레
Patisserie Gregory Collet

P139A2

JR 고베센(神戶線), 한신혼센(阪神本線) 이용, 모토마치(元町)역에서 하차, 도보5분

고베시 츄오구 모토마치도리(神戶市中央区元町通3-4-7)

(078)326-7511

10시30분~19시30분

수요일

초콜릿 케이크: ¥525, 산토레: ¥473

이곳의 케이크는 모두 프랑스 파티셰인 코레(Collet)가 만든 것으로 심플하면서도 우아하다. 모든 메뉴가 다 예뻐서 먹기가 아까울 정도이다. 가장 인기 있는 메

팩토리 신
Factory Shin

P139B1

JR, 한큐전철고베센(阪急電鉄神戶線) 이용, 산노미야(三の宮)역에서 하차, 도보8분

고베시 츄오구 오노에도리(神戶市中央区小野柄通6-1-9)

(078)272-6111

10시~20시

몽블랑: ¥368

최신식 외관에 비해 내부는 전통적인 케이크가게처럼 꾸며져 있다. 오픈식의 주방에는 검은색과 흰색을 기조로 하여 큰 유리창을 사용하고 있어 상쾌한 느낌이다. 팩토리 신이라는 이름은 파티셰가 진심을 담아 만든다는 뜻을 가지고 있다. 이곳의 케이크는 주문을 받는 즉시 만들어진다. 가장 추천하고 싶은 것은 진한 밤 향기가 나는 몽블랑으로, 적당히 단 맛이 일품이다. 피타고라스는 삼각형의 초콜릿 케이크로 맛이 매우 진하다. 루즈는 과자와 딸기소스로 만든 것으로 매우 달콤하다.

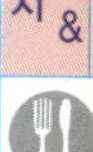

들어 향기롭고 부드럽다. 고베 양과자의 참신한 일면을 보여주고 있다.

식당

숙박

H 숙박

호텔 몬토레아마리
Hotel Montery Amalie

- P139B
- 고베시 츄오구 야마테도리(神戸市中央区中山手通2-2-28)
- (078)334-1711
- ￥11,550～￥21,945
- www.hotelmonterey.co.jp/kobe

산노미야 터미널 호텔
三の宮 Terminal Hotel

- 고베시 츄오구 쿠모이도리(神戸市中央区雲井通8-1-2)
- (078)291-0001
- ￥8,700～￥17,700
- www.sth-hotel.co.jp/cs

고베 산노미야 유니온 호텔
神戸 三の宮 Union Hotel

- P139B2
- 고베시 츄오구 고코도리(神戸市中央区御幸通2-1-10)
- (078)242-3000
- ￥7,500～￥15,000
- www.unionhotel.jp

샌사이드 호텔
Sanside Hotel

- 고베시 츄오구 쿠모이도리(神戸市中央区雲井通4-1-3)
- (078)232-3331
- ￥5,900～￥11,550
- www.sanside.co.jp/info.htm

슈퍼호텔 고베
Super Hotel 神戸

- P139B1
- 소베시 츄오구 카노쵸(神戸市中央区加納町2-1-11)
- (078)261-9000
- ￥5,460～￥7,140
- www.superhotel.co.jp/s_hotels/kobe/kobe.html

호텔 선루트소프라 고베
Hotel Sunroute Sopra 神戸

- P139B2
- 고베시 츄오구 이소베도리(神戸市中央区磯辺通1-1-22)
- (078)222-7500
- ￥9,975～￥17,325
- www.sopra-kobe.com

호텔 1-2-3 고베
Hotel 1-2-3 神戸

- 고베시 츄오구 이소가미도리(神戸市中央区磯上通4-1-12)
- (078)272-5000
- ￥5,140～￥7,240
- www.hotel123.co.jp/lineup/kobe.html

키타노

北野 Kitano

처음 고베를 방문한다면 키타노는 꼭 둘러봐야 하는 명소이다. 일본에서 이진(異人)은 외국인이라는 뜻이고 외국 스타일의 집은 이진칸(異人館)이라 부른다. 메이지시대 고베항구가 개항된 이후 유럽 사람들이 키타노의 언덕에 영사관저나 집을 지어 머물렀다. 이진칸은 현재 대부분 보수되어 외부에 개방되어 있다. 그중 가장 유명한 카자미도리노야카타는 고베의 랜드 마크가 되었다.

◉ 명소

항만야경

🛩 P155A1

🚌 JR 고베센(神戸線) 이용, 산노미야(三の宮)역에서 고베시영버스 7번으로 환승 후 스와코엔(諏訪公園)에서 하차, 도보20분

🏠 고베시 츄오구(神戸市中央区)

고베야경은 일본의 3대 야경 중 하나로 불리며, 천만 달러의 가치를 지닌 야경으로 통한다. 고베시 근처의 산들은 이 아름다운 야경을 감상하는 장소가 되었다. 그중 키타노에서 가까운 이진칸은 야경 감상 장소로 모두에게 사랑받는 곳이다. 곡선형태의 베니스다리는 스와산 공원 내에 있으며 탁 트인 시야를 선사한다. 또 이곳에는 연인들이 함께 공원에 있는 조형물에 자물쇠를 걸어 놓으면 영원히

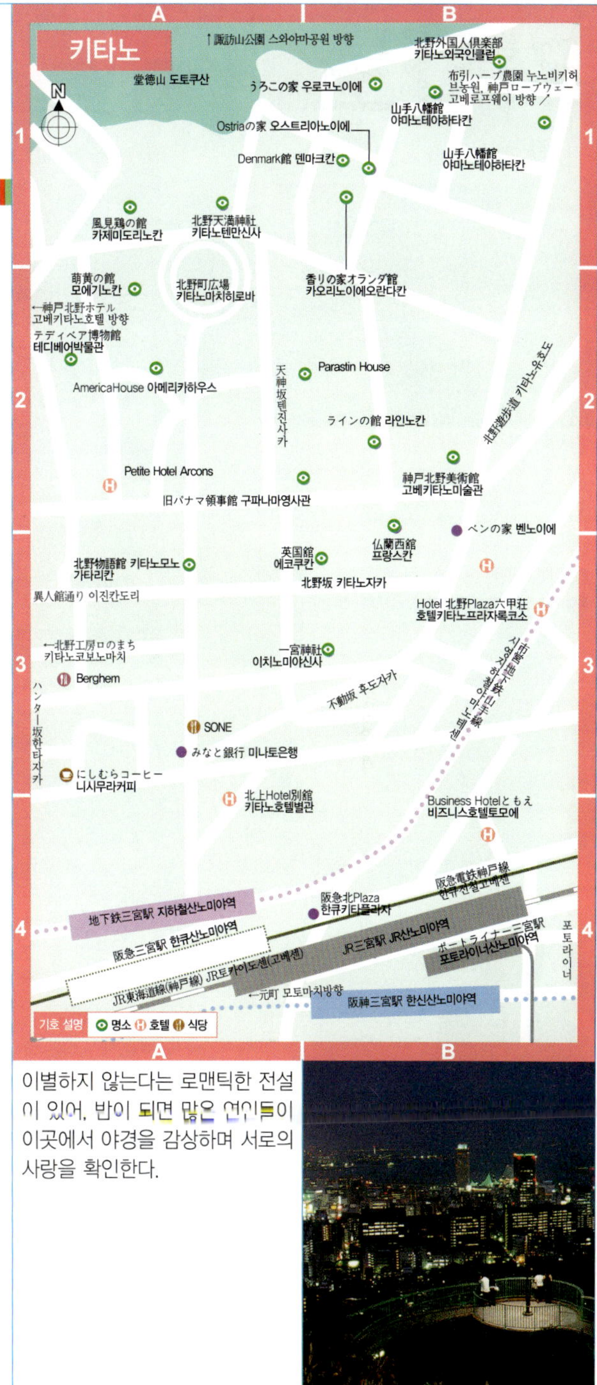

이별하지 않는다는 로맨틱한 전설이 있어, 밤이 되면 많은 연인들이 이곳에서 야경을 감상하며 서로의 사랑을 확인한다.

이진칸

異人館

카오리노이에 오란다칸
香りのいえ、オランダかん

- P155B1
- JR, 한큐전철고베센(阪急電鉄神戸線) 이용, 산노미야(三の宮) 역에서 하차, 키타노자카를 따라 북쪽으로 도보20분
- 고베시 츄오구 키타노쵸(神戸市中央区北野町2-15-10)
- (078)261-3330
- 9시~18시
- ￥700

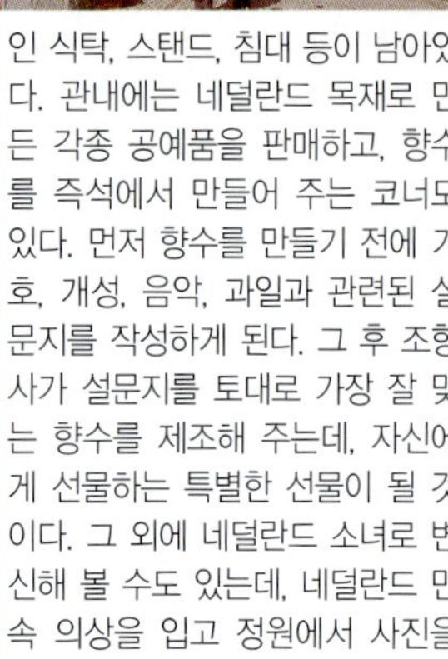

카오리노이에 오란다칸은 원래 네덜란드의 영사관저였다. 그래서 관내에는 150년의 역사를 가진 네덜란드제 자동 연주 오르간 및 고전적인 식탁, 스탠드, 침대 등이 남아있다. 관내에는 네덜란드 목재로 만든 각종 공예품을 판매하고, 향수를 즉석에서 만들어 주는 코너도 있다. 먼저 향수를 만들기 전에 기호, 개성, 음악, 과일과 관련된 설문지를 작성하게 된다. 그 후 조향사가 설문지를 토대로 가장 잘 맞는 향수를 제조해 주는데, 자신에게 선물하는 특별한 선물이 될 것이다. 그 외에 네덜란드 소녀로 변신해 볼 수도 있는데, 네덜란드 민속 의상을 입고 정원에서 사진을 찍을 수 있다.

카자미도리노야카타
かざみのやかた

- P115A1
- JR, 한큐전철고베센(阪急電鉄神戸線) 이용, 산노미야(三の宮) 역에서 하차, 키타노자카를 따라 북쪽으로 도보15분
- 고베시 츄오구 키타노쵸(神戸市中央区北野町3-13-3)

☎ (078)242-3223

🕐 9시~17시

休 매달 넷째 주 화요일

$ 기본 ¥300, 모에기노야카타 공동 티켓: ¥500

건물 꼭대기에 있는 닭 조형물의 풍향계는 키타노이진칸의 랜드 마크가 되었다. 이곳은 1909년 독일의 무역상 G.토마스가 만든 집으로 뾰족한 첨탑, 2층에 있는 의자와 팔각모양의 창이 있는 서재가 모두 눈여겨볼 만한 곳이다. 또 응접실과 침실, 식당, 아이 방 모두 19세기의 분위기를 담고 있다. 이곳은 이진칸에서 유일한 벽돌 건물로 문 앞에 조그마한 광장이 있는데, 키타노자카의 유명한 곳 중 하나이다.

우로코노이에
鱗のいえ

🔺 P155B1

🌐 JR, 한큐전철고베센(阪急電鉄神戸線) 이용, 산노미야(三の宮) 역에서 하차, 키타노자카를 따라 북쪽으로 도보20분

🏠 고베시 츄오구 키타노쵸(神戸市中央区北野町2-20-4)

☎ (078)242-6530

🕐 9시~18시, 겨울: 9시~17시

$ ¥1,000

좁고 긴 언덕을 올라가다보면 언덕에 있는 우로코노이에를 만나게 된다. 햇볕 아래 연녹색으로 빛나는 우로코노이에의 외벽은 서양의 옛 성과 비슷하게 돌로 만들어졌다. 여름에는 담벼락의 넝쿨이 초록색 그물처럼 보인다. 문 앞의 정원에는 예술적인 감각이 가득한 동

상이 있다. 우로코노이에에는 원래 구 거류지의 외국인들이 살던 곳으로 메이지(明治) 후기에 키타노의 높은 지대로 옮겨졌다. 특수한 외관 외에 관내에는 화려하고 아름다운 골동가구 및 도자기들이 보존되어 있다.

모에기노야카타
もえぎのやかた

🔺 P155A2

🌐 JR, 한큐전철고베센(阪急電鉄神戸線) 이용 산노미야(三の宮) 역에서 하차, 키타노자카를 따라 북쪽으로 도보20분

🏠 고베시 츄오구 키타노쵸(神戸市中央区北野町3-10-11)

☎ (078)222-3310

🕐 9시~18시, 12~3월: 9시30분~17시

休 매월 둘째주 수요일

$ ¥300

모에기노야카타는 카자미도리노야카타 옆에 있다. 연녹색의 집으로 1903년에는 미국의 총 영사관저였고, 1944년 전후로는 고베 전철의 사장인 고바야시 히데오(小林秀雄)의 자택이었다. 이 집은 원래 하얀색이었으나 1987년 보수할 때 외벽에 엷은 청사과색을 칠하면서 모에기노야카타로 개명되었다. 내부에서는 섬세하게 조각된 벽난로와 벽에 걸린 장식품들을 볼 수 있고, 늘 햇볕이 내리쬐는 2층 베란다에는 특별히 디자인된 다각형 장식들이 있다. 이곳은 전망이 매우 좋을 뿐 아니라 독특한 매력을 갖고 있어 많은 사람들이 찾는다.

소네
Sone

- P155A3
- JR, 한큐전철고베센(阪急電鉄 神戶線) 이용, 산노미야(三の宮) 역에서 하차, 키타노자카를 따라 북쪽으로 도보15분
- 고베시 츄오구 야마모토도리(神戶市中央区山本通1-24-10)
- (078)221-2205
- 17시~24시30분, 일요일: 17시~24시

재즈시티
Jazzcity

- www.kobejazzcity.com

재즈의 도시로도 불리는 고베는 일본 재즈밴드의 발상지이다. 키타노 지역과 고베시내에는 약 20여 개의 재즈음악을 연주하는 레스토랑이 있어 일본의 수많은 재즈마니아들이 이러한 레스토랑을 찾아 정통 재즈를 감상한다. 연주하는 곳은 대부분 바이지만 일부 카페들은 공연을 열기도 한다. 매년 10월이 되면 고베에서는 Jazz Street이 열리는데, 티켓 한 장만 있으면 고베의 재즈음악 레스토랑을 돌아다니며 감상할 수 있다.

누노비키 허브원
布引Herb園

- P155B1
- 지하철 신고베(新神戶)역에서 하차 후 고베케이블카역까지 도보, 케이블카 승차, 누노비키하부엔(ぬのびきハーブ園)역에서 하차
- 고베시 츄오구 후키아이쵸(神戶市中央区葺合町)
- (078)271-1131
- 12. 1~3. 19: 10시~17시, 3. 20~7. 19: 10시~17시, 7. 20~8. 31: 10시~20시30분, 9. 1~11. 30: 10시~17시
- 고베 케이블카 정기 점검일
- ¥200
- www.shinkoberopeway.com

아름다운 이 허브농원은 150여 종, 75,000그루의 서양 허브가 언덕 위와 온실 속에서 자라고 있다. 신칸센 신고베 역 옆에서 고베 케이블카를 타고 10분정도 올라가면 상쾌한 공기와 은은한 허브의 향기가 전해져 오고 산 아래의 고베시와 바다 풍경이 눈에 들어올 것이다. 이곳에 오면 천천히 산책도 하고, 천연 허브로 만들어진 음식을 맛볼 수 있다.

¥1,000(음료수 한 잔 포함)

이진칸으로 가는 키타노 언덕에 위치한 이곳은 외관부터 내부 공간까지 복고풍의 분위기로 꾸며져 있다. 손님은 주로 중년 남녀들로, 모두 마음을 편안하게 해주는 재즈를 듣기 위해 이곳을 찾는다. 평일에도 빈자리를 찾기 힘들다. 매일 밤 칸사이에서 활약하고 있는 뮤지션을 이곳으로 초청해 공연을 하는데, 스타일은 모두 비교적 가벼운 스윙 재즈이다. 음료수 한잔을 천천히 음미하면서 은은하고 아름다운 멜로디에 몸을 맡기며 편안한 시간을 보낼 수 있다.

키타노코보노마치
北野攻防の町

- P155A
- JR 고베센(神戸線) 산노미야(三の宮)역에서 도보20분
- 고베시 츄오구 키타노쵸(神戸市中央区北野町)
- (078)200-3607
- 10시~18시
- 休 10~2월외, 매월 셋째 주 화요일

토아 로드(Tor Road)에 위치한 키타노코보노마치는 과거의 키타노소학교의 건물에 만들어진 상점으로, 일본전통종이공예, 꽃꽂이, 제빵 등을 직접 체험할 수 있고, 진주 액세서리 등도 구매가 가능하다. 또 각 분야의 전문가들이 직접 손재주를 선보인다. 1층에는 고베의 대표적인 맥주, 슈크림, 커피, 화과자 등의 전문점이 모여 있어 고베의 먹거리를 한꺼번에 즐기고 싶다면 이곳에 오면 된다.

고베 케이블카

P155B1

(078)271-1160

성수기 3. 20~7. 19, 9. 1~11.
30- 월~금: 9시30분~17시30
분, 토: 9시30분~21시, 일요일
및 공휴일: 9시30분~20시,
12. 1~3. 19: 9시30분~17시

아름다운 허브농원에 올라가기 위해선 꼭 이 케이블카를 타야한다. 1500m길이의 등산 케이블카로, 고베의 지리적인 특성 때문에 산과 바다의 거리가 가까워서 케이블카 안에서 고베항구까지 보인다. 밤에 타면 일본 3대야경이라 불리는 고대의 야경을 감상할 수 있다.

 식당

니시무라커피
西村コーヒー

- P115A3
- (078)221-1872
- 8시30분~23시

고베에 거주하던 외국인들 덕분에 화려한 양과자와 더불어 커피가 들어오게 되었다. 니시무라 커피는 고베의 오래된 카페로 아침 8시 반에 영업을 시작하며 매장내에는 커피를 마시고 아침식사를 하러 온 사람들과 관광객들로 가득하다. 일본은 메이지시대 때부터 적극적으로 커피를 받아들였는데 당시의 일반인들에게는 상류사회의 산물에 속했었다. 테라다 도라히코(寺田寅彦)는 커피철학사에서 메이지20년 전후의 커피에 대한 기억을 이렇게 말한다. "충만한 이국적 분위기에 대한 동경과 어린 아이의 마음, 이러한 서양의 향기는 미지의 파라다이스에서 온 따뜻한 바람 같았다"

키타노 | 고베
명소
식당
숙박

H 숙박

고베 키타노 호텔
神戶北野Hotel

- P155A2
- 고베시 츄오구 야마모토도리(神戶市中央区山本通3-3-20)
- (078)271-3711
- ¥25,200~¥31,500
- www.kobe-kitanohotel.co.jp

호텔 키타노 프라자 록코소
Hotel 北野 Plaza 六甲荘

- P155B3
- 고베시 츄오구 키타노쵸(神戶市中央区北野町1-1-14)
- (078)241-2451
- ¥8,662~¥16,170
- www.rokkoso.com

그린힐 호텔 어반
GreenHill Hotel Urban

- 고베시 츄오구 카노쵸(神戶市中央区加納町2-5-16)
- (078)222-1221
- ¥6,500~¥10,700
- www.ghu.jp

비즈니스 호텔 토모에
Business Hotel ともえ

- P155B4
- 고베시 츄오구 코토노오쵸(神戶市中央区琴ノ緒町5-4-19)
- (078)221-1227
- ¥5,040~¥9,660

키타카미 호텔 별관
北上 Hotel 別館

- P155A4
- 고베시 츄오구 카노쵸(神戶市中央区加納町4-8-19)
- (078)391-8781
- ¥5,775~¥14,700

록코산

六甲山 Rokkosan

고베가 아름다운 항구도시라고 한다면 록코산은 항구도시 뒤쪽을 감싸고 있는 푸른색의 병풍과 같은 산이라고 할 수 있다. 바닷바람을 맞으며 따뜻한 햇볕이 내리쬐는 가운데 자라난 풀들이 록코산을 최고의 휴양지로 만들었다. 록코산에 올라가는 케이블카도 있는데 이 케이블카를 타고 정상까지 올라가면 고베시와 고베항구의 풍경이 다 보이고 그 풍경은 가히 환상적이다.

◉ 명소

록코산목장

 P163A1

 록코산(六甲山)역에서 버스 40번으로 환승, 록코산보쿠죠(六甲山牧場)에서 하차(봄, 가을의 주말과 휴일 운행, 휴가철에도 매일 운행)·록코산케이블카역에서 버스로 환승

 고베시 나다구 록코산쵸나카이치사토야마(神戸市灘区六甲山町中一里山1-1)

 (078)891-0280

 9시~17시(마지막입장시간: 16시30분)

 休 화요일 (7. 21~8. 31휴가철에는 무휴)

 $ 어른: ￥500, 어린이: ￥200

　푸른 풀이 가득한 구릉지역에 유유히 걸어 다니는 양과 얼룩말이 고개를 숙여 풀을 뜯고 있고, 말과 당나귀가 여유롭게 돌아다니는 풍경은 스위스의 고원목장에만 있는 것이 아니다. 록코산 목장의 가장 전형적인 풍경이기도 하다. 록코산

목장은 부모들이 아이들을 데리고 놀러오기에 좋은 장소이다. 온순한 말을 직접 만져볼 수도 있고, 도자기굽기와 낙농체험(양젖 짜기, 치즈, 아이스크림 만들기)을 할 수 있는 교실도 열린다. 진한 향의 아이스크림과 스위스 치즈퐁듀, 입에서 사르르 녹는 고베쇠고기를 맛보면서 즐거운 휴가를 보낼 수 있을 것이다.

록코산가든테라스
六甲山 Garden Terrace

 P163B1

 록코케이블카역에서 버스 승차,
 가든테라스에서 하차

 고베시 나다구 록코산쵸 고스케
 야마(神戸市灘区六甲山町五介
 山1877-9)

 (078)894-2281

 팩스: (078)891-1171

 www.rokkosan.com

　록코산가든테라스는 록코산에
생긴 새로운 관광지이
다. 많은 카페들과
록코산 기념품
점, 경관이 좋은

레스토랑, 생활 잡화점, 공예품점
및 전망대로 구성되어 있다. 록코
산가든테라스는 젊은 연인들이 애
용하는 데이트코스가 되었으며 낮
에는 커피를 마시거나 항만의 풍
경을 감상하고 밤에는 고베
의 야경을 감상하는
명소가 되었다.

오사카 · 고베 여행 정보
Osaka · Kobe Information

오사카 · 고베 기본 정보

- 국가명 : 일본
- 정식 국명 : 일본국
  도쿄
- 언어 : 일본어
- 종교 : 신도(神道)가 가장 많고 불교, 기독교, 천주교순
- 지리적 위치 : 동북아시아의 섬나라, 홋카이도, 큐슈, 시코쿠, 혼슈 등 4개의 큰 섬과 수많은 조그마한 섬들로 구성되어있음. 여러 해협을 마주하고 있으며 험준한 산맥과 화산이 있다. 혼슈가 가장 큰 섬으로 바다를 따라 평원이 있음
- 비자와 여권 유효기간 규정 : 일본은 비자 없이 90일간 여행가능

비자 면제 해당사항

대상 : 유효기간이 충분한 여권을 소지한 자

입국 목적 : 관광, 비즈니스, 친지 방문 등 단기적으로 머물기 위해 입국 시(단 취업 등이 목적일 시, 비자 면제 대상 아님)

체류기간 : 90일을 넘기면 안 됨

출발지, 입국지점 : 특별 규정 없음

- 전압 : 110V

화폐, 환율

- 화폐 : 영한국 원화 100원당 일본 엔화 ¥10정도
- 통화 : 일본 화폐기호 ¥, ¥10,000, ¥5,000, ¥2,000, ¥1,000 등이 있으며, 동전은 ¥500, ¥50, ¥10, ¥5, ¥1 등이 있음
- 전화 : 공중전화는 한 통화 당 ¥10으로 1.7분 통화가능. 편의점이나 자동판매기에서 전화카드 구입 가능. 동전 전화기는 ¥10, ¥100

이용 가능, 국제전화를 쓸 수 있는 전화기는 갈수록 적어지고 있으므로 주의.

- 시차 : 시차없음
- 상점 영업시간 : 점포마다 다르며 일반적으로 10시~19시, 20시까지 영업하는 경우가 대부분임

항공편 정보

◎ Jal 일본항공
  - (02)757-1711
  - www.jal.co.kr/

◎ 아시아나 항공
  - 1588-8000
  - www.flyasiana.com/

◎ 대한항공
  - 1588-2001
  - kr.koreanair.com/

◎ ANA 코리아
  - (02)752-5500
  - www.anaskyweb.com

교통정보

◎ 오사카

- JR철도 : JR오사카칸죠센은 오사카를 순환하는 노선으로 오사카성 공원, 츠루하시, USJ, 텐노지 등을 지난다. 오사카칸죠센에는 칸사이 국제공항으로 통하는 고속열차가 있어 편리하다.
- 지하철 : 가장 주요한 노선은 미도스지센으로 오사카역, 우메다, 신사이바시, 난바, 텐노지를 통하며 배차 간격이 짧아 편리하다. 그밖에 남북으로 뻗은 요츠바시센은 니시우메다, 신사이바시, 난바 및 오사카항의 미나미항구로 이어진다. 남북방향의 지하철 타니마치센은

번화한 시민 생활의 쇼핑 상점가로 통한다.

◎ 고베
2006년 7월 칸사이 국제공항에서 항만교통선을 타면 고베공항으로 바로 갈 수 있게 되었다. 매시간 1~2차례정도 있으며 29분정도 소요되고 가격은 ￥1500이다. 현재 칸사이 공항에서 고베로 가는 가장 빠른 방법이다. 고베 공항에서 18분정도 가면 가장 번화한 시내 중심인 산노미야에 도착하며 티켓은 ￥3200이다
www.kobe-access.co.jp
JR 오사카역에서 오사카 토카이도(東海道), 산요혼센(山陽本線)을 타면 고베의 가장 번화한 곳인 산노미야역에서 내린다. 26분정도 소요되며 티켓은 ￥390이다. 한큐전철 우메다역에서 한신혼센으로 갈아타고 산노미야에서 내리면 29분정도 소요되며 티켓은 ￥310이다. 한큐전철 우메다에서 한큐고베센을 타고 산노미야에서 내리면 27분정도 소요되고 티켓은 ￥310이다.

할인승차권
◎ 칸사이 스루 패스 2일 권, 3일 권
: 일JR 열차 외에 티켓은 기간 내에 무한정 쓸 수 있는 티켓이 있어 칸사이 지역의 전차, 지하철, 버스를 모두 이용할 수 있으며 그 외에 칸사이 각 지역 370여 곳에서 관광할인을 받을 수 있다. 2일 권: ￥3,800, 3일 권: ￥5,000, 6~11세 아동은 반가격
www.suruttu.com/conts/ticket/3day/index.html

◎ JR 서일본국철권
• 칸사이이구역권 : 칸사이지역의 JR 서일본이 운영하는 보통열차, 쾌속열차를 자유롭게 탈 수 있다. 1일 권: ￥2,000, 2일 권: ￥4,000, 3일 권: ￥5,000, 4일 권: ￥6,000, 6~11세 어린이 반 가격. 단, 신칸센 및 특급열차는 이용불가
www.westjr.co.jp/english/travel/jrp/index.html

소비세
5%, 2005년부터 대부분의 가게에서는 가격에 소비세를 포함하고 있으므로 추가 요금을 내지 않아도 된다.

우편
봉투는 붉은색과 녹색 두 종류가 있는데 붉은색은 국내우편, 녹색은 해외우편(일부 지역에서는 붉은색 봉투로 겸용한다)용이다.

우체국 개방시간
월~금 9시~19시, 일부 대형 우체국은 21시까지(도쿄츄오, 신주쿠, 시부야 및 토시마 우체국). 주말과 휴일은 휴무(일부 대형 우체국은 토요일 9시~15시, 19시까지 영업하기도 한다.) 항공 엽서는 ￥70, 항공우편은 ￥90(10그램 이하 아시아국가로 한정, 호주와 뉴질랜드는 포함 안 됨, 10그램 이상은 매 10그램마다 ￥60 추가)

팁
호텔과 레스토랑은 이미 5%의 소비세와 서비스세를 포함하고 있기 때문에 그 외에 팁을 지불할 필요는 없다.

여권 발급 요령

출국을 하려면 누구나 여권을 발급받아야 한다. 여권에는 1년의 유효기간 동안 1회의 해외여행이 가능한 단수여권과 10년의 유효기간 동안 횟수에 제한 없이 해외여행을 할 수 있는 복수여권이 있다. 특별한 사유가 없는 여행자는 해외여행을 할 때마다 여권을 발급받을 필요 없이 복수여권

을 발급받는 것이 경제적이다.
2005년 9월 30일 이전에 발행된 구여권은 유효기간 동안 사용이 가능하다. 신여권 제도로 바뀌면서 기존의 유효기간 연장 제도가 폐지되었으므로 연장 가능한 구여권에 대해 신여권 발급 신청서를 작성하면 5년 유효기간의 신여권을 발급받을 수 있다.

여권 발급 구비서류
- 여권 발급 신청서
- 최근 3개월 이내에 찍은 여권사진(3.5cm X 4.5cm)
- 주민등록등본 1부
- 주민등록증 또는 운전면허증
- 대리신청의 경우 본인의 위임장과 주민등록증 및 그 사본과 대리인의 주민등록증이 필요하다.
- 만 18세 미만의 경우 부모의 여권발급동의서 및 동의인의 인감증명서가 요하다.

여권 발급비용
- 복수여권 – 55,000원
- 단수여권 – 20,000원
- 구여권 ⇨ 신여권(5년) – 15,000원

여권 발급기관
- 서울 : 종로구청, 노원구청, 강서구청, 영등포구청, 동대문구청, 강남구청, 송파구청.
- 지방 : 각 시청과 도청의 여권과

비자
일본으로 입국하는 한국인에 대한 단기비자에 대해서는 2002년 1월1일 이후의 신청분부터 원칙적으로 체재기간 90일 유효기간 5년의 복수사증을 발급하게 되었다. 상세한 내용은 대사관 영사부(02–739–7400)로 확인 바람.

한국 내 일본 관련 기관
주한 일본 대사관
⌂ 서울시 종로구 중학동 18–11

☏ (02)2170–5200
⎙ (02) 734–4528
🌐 http://www.kr.emb-japan. go.jp/

주한 일본 대사관 공보문화원
⌂ 서울시 종로구 운니동 114–8
☏ (02)765–3011~3
⎙ (02) 742–4629

주한 일본 대사관 영사부
⌂ 서울시 종로구 수송동 146–1 이마빌딩 7층
☏ (02)739–7400
(02)736–6581(자동응답전화)
⎙ (02)739–7410

일본 내 한국 관련 기관
주일 한국 대사관
⌂ 日本国 東京都 港区 南麻布 1–2–5
☏ (81–3)3452–7611/9
(81–3)3452–7617(휴일, 긴급)
⎙ (81–3)5232–6911
🌐 http://jpn–tokyo.mofat.go.kr/

대사관 영사부
⌂ 東京都 港区 南麻布 1–7–32
☏ (81–3)3455–2601~3
(81–3)3452–7617(휴일, 긴급)
⎙ (81–3)3455–2018

그 밖의 필수 아이템
여행자보험
여행자보험이란 여행을 끝마치고 귀국할 때까지 생긴 사고에 대한 보상을 해주는 일회성 보험이다.
보험신청은 보험회사 화재부와 여행사를 통해 할 수 있으며, 공항의 여행보험 판매계에서 출국 직전에도 쉽게 할 수 있다. 보상금에 따라 보험금의 차이가 있지만 보통 2만원 가량의 보험금이 지출된다.

국제운전 면허증
해외여행을 위한 여권 소지자는 약간의 수수료와 간단한 절차를 통해

여행정보

국제 운전면허증을 국내에서 발급 받을 수 있으며, 해외에서 사용할 수 있다.

- **발급장소** : 거주지 관할 운전면허 시험장
- **구비서류** : 운전면허증, 여권, 여권사진 2매
- **유효기간** : 1년

국제학생증

학생인 경우에는 국제학생증(International Student Identity Card)을 발급받아 떠나는 것이 좋다. 국제학생증을 제시하면 박물관, 미술관, 극장, 레스토랑 등에서 여러 가지 할인혜택을 받을 수 있다. 한국에서 국제학생증을 발급받지 못했다면 현지에서 발급받을 수 있다. 국제학생증은 대부분의 국가에서 취급하기 때문에 발급받는 장소만 알고 있다면 오히려 우리나라보다 간편하게 즉석에서 받을 수도 있다.

- **발급장소** : ISEC 국제학생증 한국 본사나 서울 종각역 근처 대부분 여행사에서 발급가능
- **구비서류** : 재학증명서, 신분증, 여권사진 1매
- **발급비용** : 14,000원
- **소요시간** : 접수 후 2일 이내 발송

신용카드

해외여행을 갈 때에는 사용할 일이 없더라도 만약을 대비해 신용카드를 가져가는 것이 좋다. 신용카드는 휴대가 간편하고 분실했을 경우 즉시 신고하면 보상받을 수 있다는 장점 뿐만 아니라 카드 종류에 따라 마일리지나 포인트 적립을 받아서 상품이나 현금으로 사용하는 등 여러 가지 혜택을 받을 수 있기 때문이다.

각 항공사 연락처

- 대한항공 : 1588-2001
- 아시아나항공 : 1588-8000
- JAL : 02-757-1711
- ANA : 02-752-5500
- 케세이퍼시픽 : 02-311-2800

여행자수표 (T/C)

여행자수표는 현금 대신 사용할 수 있고 한도가 있으므로 사용 예산을 조절할 수 있다. 현지 은행에서 현금으로 교환 가능하며 환율이 현금보다 유리하다는 장점이 있다. 또한 분실/도난 시 재발급을 받을 수 있어 안정성을 보장받을 수 있다. 하지만 모든 곳에서 사용할 수 있는 것은 아니며 발행회사의 환전소가 아닐 경우 수수료를 물게 된다는 단점도 있다. 발행회사는 AMEX와 VISA 두 곳이 있고 국민은행이나 외환은행에서 발급받을 수 있다. 여행자수표는 발급 즉시 서명하고 사용할 때 다시 서명해야 하며, 서명란 두 곳이 모두 서명되어 있으면 사용할 수 없다.

여행 중 지진발생 시

일본은 지진이 많이 발생하므로 어느 정도 마음의 준비를 하고 가는 것이 좋다. 숙소나 실내 관광장소에 있을 때 지진이 발생하면 먼저 머리를 감싸고 테이블 밑으로 몸을 낮추어 피한다. 강도가 높은 지진이 발생했을 때는 진동이 멈춘 뒤에도 여진이 계속되므로 주의해야 한다. 야외관광지에서 지진이 발생하면 먼저 주위를 살피고 인솔자에 안내에 따르며, 자유 여행 시에는 대피소가 어디 있는지 미리 위치를 확인한 후 움직이는 것이 좋다.

출입국 수속 절차

한국에서 출국할 때

❶ 항공사 카운터에서 탑승수속
❷ 환전하기

❸ 해당자는 병무신고하기
❹ 출국세, 공항이용권 구입
  (19,000원)
❺ 출입국신고서 작성하기
❻ 출국심사장으로 들어가기
❼ 출국심사 받기(여권, 탑승권,
  출국신고서 제출)
❽ 면세점에서 쇼핑하기
❾ 탑승권에 적힌 게이트로 이동
  해 항공기 탑승

일본에 입국할 때

❶ 일본 출입국신고서와 세관신
  고서 작성하기
❷ 입국심사 받기(여권, 귀국 항
  공권, 출입국신고서 제출)
❸ 짐 찾기
❹ 세관심사 받기

※ 신고대상 물품은 구두 또는 문서
로 신고해야 하며 우편, 항공편, 배
편, 택배 등 따로 부치는 물건일 경
우에는 2통의 신고서를 작성하여 제
출해야 한다. 신고서는 각 기내와
배 그리고 세관에 배치되어 있다.

기호품 면세 범위

담배 20갑(2보루), 파이프용 담배
100g, 술 3병, 향수 2온스, 그 외 물
품 20만엔.
※ 단 19세 이하의 여행자에게는
잎담배나 양주가 허락되지 않는다.

일본 출입국신고서

일본의 출입국신고서도 우리나
라와 같이 출국, 입국 신고서가 하
나로 되어있다.

사이즈 조견표			
Korea	Italy	UK	US
44	36	6-8	0-2
55	38-40	8-10	4-6
66	42-44	12-14	8-10
77	46-48	16-18	12-14
88	50-52	20-22	16-18

신발 사이즈 조견표			
Korea	Italy	UK	US
230	36.5	4	6
235	37	4.5	6.5
240	38	5	7
245	38.5	5.5	7.5
250	39	6	8
255	39.5	6.5	8.5
260	40	7	9
265	40.5	7.5	9.5
270	41	8	10
275	41.5	8.5	11.5

일본에 입국하는 여행객은 외국
인용을 기입해야한다. 일어로 기입
이 가능하신 분은 일어, 또는 영어
로 기입해도 무방하다.

❶ 성명(しめい)
❷ 국적(こくせき)
❸ 주소(じゅうしょ)
❹ 체류지 주소(にほんのれんら
  くさき)
❺ 여권번호(りょけんばんごう)
❻ 기간(にほんたいざいよそうき
  かん)
❼ 방문목적(たいざいもくてき)
❽ 생년월일(せいねんがっぴ)
❾ 직업(しょくぎょう)
❿ 항공편(こうくうきぴんめい,
  せんめい)
⓫ 출발공항(じょうしょうち)
⓬ 서명(しょめい)

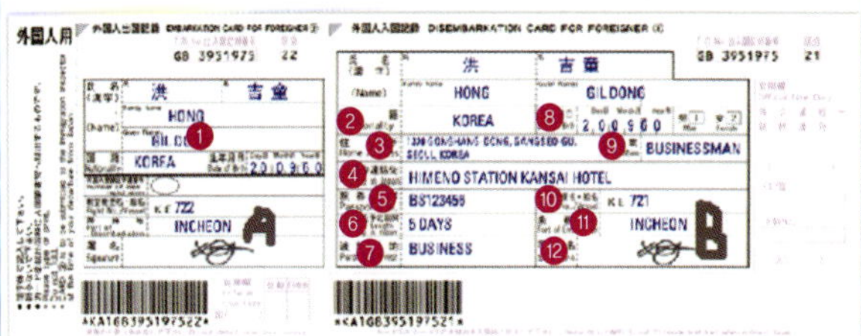

여행자 수표

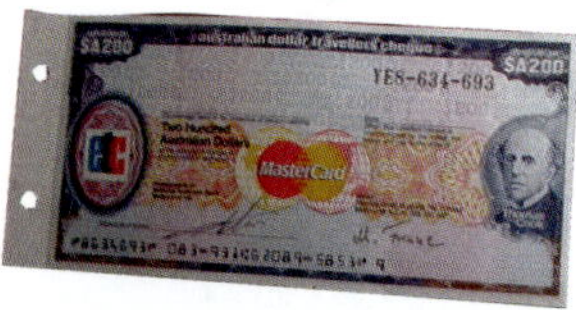

Q & A

Q : 여행자수표는 어디에 쓰면 좋나요?

A : 해외 여행 : 많은 관광지에는 소매치기가 횡행합니다. 여행자수표는 현금을 대신하는 것으로 지갑에 넣어놓은 채 신경 쓰지 않고 여행을 즐기실 수 있습니다. 또한 여행자수표를 사용하면 여행 경비를 조절할 수 있습니다. 신용카드와 달리 있는 만큼 쓰는 것이기 때문에 예산범위 내에서 사용가능합니다.

해외 출장 : 해외 전시회에 참가하거나 제품을 구입할 때, 대부분 현지에서 즉시 지불해야 하는 경우가 많습니다. 계약금을 내거나, 샘플 구입비를 결제할 때, 혹은 예상치 못한 지출이 발생하거나, 카드를 받지 않는 경우에도 여행자수표는 적절하게 사용가능 합니다. 현지 은행에서 현금으로 교환할 수 있기 때문에 현금을 가지고 출국하는 것보다 안전합니다.

해외 유학 : 여행자수표는 학비, 생활비를 지불하는 수단으로도 사용가능합니다. 단기 연수의 경우 체재 기간이 비교적 짧아 일반적으로 해외에서 통장개설을 하지 않습니다. 그러므로 여행자수표로 학비, 생활비 등을 지불하는 것은 안전하면서도 신용카드의 한도 제한에 구애받지 않는 가장 편리한 선택입니다. 유학의 경우, 준비해야 할 비용이 더욱 큽니다. 현지에서 통장을 개설하기 전에 사용할 돈을 안전하게 준비하는 방법으로 여행자수표가 유용하게 사용됩니다.

이외에도 여행자수표를 구입할 때에

는 환율이 일반적으로 현금보다 유리하게 적용됩니다. 환율이 낮아 출국 이전부터 약간의 비용을 절약할 수 있고, 또한 안전하다는 장점이 있습니다.

Q : 어디에서 아멕스 여행자 수표를 살 수 있나요?

A : 여행자수표는 은행과 온라인에서 구입 가능합니다.

▶ 은행 : 지점을 포함한 전국 각 은행에서 구입가능. 단, 외환은행에서는 호주달러와 영국 파운드, 일본 엔화, 캐나다 달러만 구입가능.

▶ 인터넷 예약 : 우리은행과 신한은행 웹사이트에서 온라인으로구매할 수 있음. 자세한 내용은 http://www.americanexpress.com/korea 참고.

Q : 여행자수표를 분실하면 현지에서 재발급 가능한가요?

A : 아멕스 여행자수표는 전세계 84,000여 은행과 환전소 등의 파트

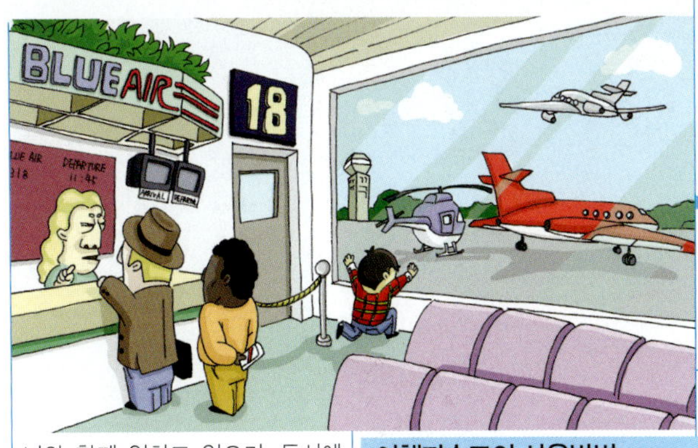

너와 함께 일하고 있으며, 동시에 2,200개의 여행서비스센터를 두고 있습니다. 여행자수표 분실 시 일반적으로 모두 현지에서 재발급이 가능하며, 수수료도 없습니다. 다음 여행지에서 재발급 신청하셔도 됩니다.

Q : 왜 여행자수표를 사용하는 것이 경제적이고 혜택이 많다고 하나요?

A : 여행자수표를 구입할 경우 외화를 현금으로 구입하는 것보다 일반적으로 쌉니다. 외국에서 현지화폐로 교환하려고 할 때, 수수료를 면제해 주는 환전소도 많기 때문에 어떤 때에는 더 많은 현지 화폐를 손에 쥘 수 있습니다. 수수료 등에서 돈을 아낄 수 있을뿐더러 수지타산이 잘 맞는 방법입니다.

Q : 해외 유학을 할 때, 학비와 생활비를 가지고 나가려고 합니다. 어떤 방식을 선택해야 좋을까요?

A : 여러 방법을 혼합해서 사용하시는 것이 좋습니다. 위험을 피하고, 동시에 편리하게 사용할 수 있어야 합니다. 학비를 현지에서 지불한다면 여행자수표를 이용하시는 것이 가장 좋습니다. 생활비의 70% 정도는 여행자수표, 20% 정도는 신용카드, 10%는 현금으로 사용하시는 것이 좋습니다.

여행자수표의 사용방법

1. 구입 후 즉시 서명 : 구입 후 즉시 수표 왼쪽 상단에 사인합니다. 어느 언어도 무방.

2. 사용 시 재서명 : 사용할 때에 수취인의 앞에서 왼쪽 하단에 상단과 일치하는 사인을 하면 됩니다.

3. 따로 보관 : 구매계약서와 여행자수표는 따로 보관하세요. 만약 여행자수표를 분실, 훼손한 경우 구매계약서를 가지고 각지의 분실배상서비스센터에 가서 분실처리를 하시면 됩니다.

여행 회화
Travel Conversation

출국과 입국

■ 기내에서

제 자리는 어디입니까?
私の席はどこですか？

여기는 제 자리인 것 같습니다.
ここは私の席ですが。
코코와 와타시노 세키데스가.

자리를 바꿔도 되겠습니까?
席を替わってもいいですか？
세키오 카왓떼모 이이데스까?

한국 잡지나 신문 있어요?
韓国の雑誌や新聞ありますか？
캉코쿠노 잣시야 심붕 아리마스까?

음료는 무엇으로 하시겠습니까?
お飲み物は何になさいますか？
오노미모노와 나니니 나사이마스까.

콜라 주세요.
コーラください。
코-라 쿠다사이.

탑승권을 보여주시겠습니까?
搭乗券を見せてもらえますか？
토-죠-켕오 미세떼 모라에마스까.

마실 것 좀 주시겠어요?
お飲み物をいただけますか？
오노미모노오 이타다케마스까.

펜 좀 빌릴 수 있을까요?
ペンを貸してもらえますか？
펭오 카시테 모라에마스까.

도착시간은 몇 시입니까?
到着時間はいつですか？
토-챠쿠지캉와 이쯔데스까.

■ 입국심사

여권과 입국신고서를 보여주시겠어요?
パスポートと入国申告所を見せて
もらえますか?
파스포-또또 뉴-코쿠신꼬꾸쇼오 미세떼모라에
마스까?

입국카드 작성법을 가르쳐 주시겠어요?
入国カードの書き方を教えてもら
えますか?
뉴-코쿠 카-도노 카키카타오 오시에떼 모라에
마스까?

일본 방문이 처음이십니까?
日本の訪問は始めてですか?
니홍노 호-몽와 하지메떼데스까?

방문 목적이 무엇입니까?
訪問の目的は何ですか?
호-몬노 모꾸떼끼와 난데스까?

관광입니다.
観光です。
캉꼬-데스.

어디서 머물 예정입니까?
どこでお泊まりですか?
도코데 오토마리 데스까?

신주쿠 호텔입니다.
新宿ホテルです。
신주쿠 호테루데스.

일본에 얼마동안 머물 예정입니까?
日本にどれくらい滞在する予定で
すか?
니혼니 도레쿠라이 타이자이스루 요테이데스까?

2주간 머물 예정입니다.
二週間滞在する予定です。
니슈-깐 타이자이스루 요테이데스.

가방을 열어 주시겠어요?
かばんを開けてもらえませんか?
카방오 아케떼 모라에마셍까?

현금을 얼마나 소지하고 계십니까?
現金はいくら持っていますか?
겡킹와 이쿠라 못떼이마스까?

30만엔을 가지고 있습니다.
三十万円を持っています。
산쥬망엥오 못떼이마스.

돌아가는 항공권은 가지고 있습니까?
帰りの航空券はお持ちですか?
카에리노 코-쿠-켕와 오모찌데스까?

짐은 어디서 찾습니까?
手荷物はどこで受け取りますか?
테니모쯔와 도코데 우케토리마스까.

짐을 찾을 수가 없어요.
手荷物が見つかりません。
테니모쯔가 미쯔카리마셍.

신고할 물건이 있습니까?
申告するものはありますか?
신코꾸스루 모노와 아리마스까.

신고할 게 없습니다.
申告するものはありません。
신코꾸스루 모노와 아리마셍.

담배 한 보루가 있습니다.
タバコがワンカートンあります。
타바코가 완카ー톤 아리마스.

개인용도입니다.
身の回りのものだけです。
미노마와리노 모노다께데스.

가격이 얼마정도입니까?
値段はいくらくらいですか?
네당와 이쿠라쿠라이데스까.

1,000엔 주고 샀습니다.
千円で買いました。
셍엥데 카이마시따.

이것은 관세를 내셔야 합니다.
これは課税になります。
코레와 카제ー니 나리마스.

다른 짐은 없습니까?
他の荷物はありませんか?
호카노 니모쯔와 아리마셍까.

이것은 가지고 들어갈 수 없습니다.
これは持ち込みできません。
코레와 모치코미 데키마셍.

이게 제 수하물인환증입니다.
これが私の手荷物引換証です。
코레가 와따시노 테니모쯔 히끼카에쇼ー데스.

■ 공항에서

환전은 어디서 합니까?
両替はどこでできますか?
료가에와 도꼬데 데끼마스까.

여행자수표를 사용할 수 있습니까?
トラベラーズチェックは使えますか?
토라베라—즈첵꾸와 쯔까에마스까.

이 여행자 수표를 현금으로 바꿔주세요.
このトラベラーズチェックを現金にしてください。
코노 토라베라—즈첵꾸오 겡킹니시떼 쿠다사이.

값싼 호텔 하나 알려주시겠어요?
安いホテルを教えてくださいませんか?
야스이 호테루오 오시에떼 쿠다사이마셍까.

관광안내소는 어디에 있습니까?
観光案内所はどこにありますか?
캉코—안나이쇼와 도꼬니 아리마스까.

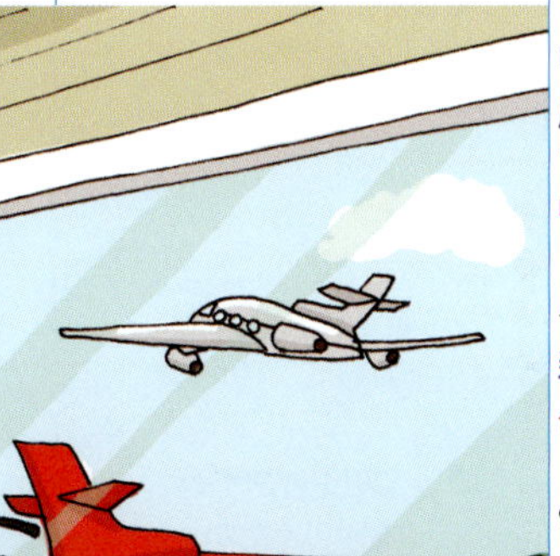

ATM은 어디에 있습니까?
ATMはどこにありますか?
ATM와 도꼬니 아리마스까.

시내지도 한 장 주시겠어요?
市街地図を一枚ください。
시가이치즈오 이찌마이 쿠다사이.

신주쿠까지 어떻게 가야 합니까?
新宿までどうやって行けばいいですか?
신주쿠마데 도—얏떼 이케바 이이데스까.

나리타 익스프레스는 어디서 탑니까?
成田エクスプレスはどこで乗りますか?
나리타 에꾸스프레스와 도꼬데 노리마스까.

신주쿠까지 얼마입니까?
新宿までいくらですか?
신주쿠마데 이쿠라데스까.

약도를 좀 그려주시겠어요?
略図を描いてくださいませんか?
랴쿠즈오 카이떼 쿠다사이마셍까.

렌터카 사무실은 어디입니까?
レンタカーの事務所はどこですか?
렌타카—노 지무쇼와 도꼬데스까.

출구는 어디죠?
出口はどこですか?
데구찌와 도꼬데스까.

교통수단의 이용

■ Bus 이용

버스정류장은 어디입니까?
バス停はどこですか？
바스테이와 도꼬데스까.

건너편에 있습니다.
向こう側にあります。
무꼬-가와니 아리마스.

도쿄타워는 어떤 버스가 가나요?
東京タワーはどのバスが行きますか？
도쿄타와-와 도노바스가 이끼마스까.

이 버스가 긴자역을 지나가나요?
このバスが銀座駅を通りますか？
코노바스가 긴자에끼오 토오리마스까.

요금이 얼마죠?
料金はいくらですか？
료-킹와 이쿠라데스까.

갈아타야 하나요?
乗り換えなければなりませんか？
노리카에나케레바 나리마셍까.

어른 한 명에 200엔입니다.
大人一人で200円です。
오또나 히토리데 니햐꾸엔데스.

버스시간표는 어디서 구할 수 있나요?
バスの時間表はどこでもらえますか？
바스노 지깐효-와 도꼬데 모라에마스까.

어디서 내려야 하나요?
どこで降りますか？
도꼬데 오리마스까.

도착하면 알려주시겠어요?
着いたら教えてくださいませんか？
쯔이따라 오시에떼 쿠다사이마셍까.

여기서 내려주세요.
ここで降ろしてください。
코코데 오로시떼 쿠다사이.

막차가 몇 시입니까?
終電は何時ですか？
슈-뎅와 난지데스까.

어디서 버스표를 사나요?
どこで切符を買いますか？
도꼬데 킵뿌오 카이마스까.

버스를 잘못 탔어요.
バスを乗り間違えてしまいました。
바스오 노리마찌가에떼 시마이마시따.

■ Taxi 이용

택시승강장이 어디입니까?
タクシー乗り場はどこですか？
타꾸시 노리바와 도꼬데스까.

트렁크 좀 열어주시겠어요?
トランクを開けてください。
토랑쿠오 아케떼 쿠다사이.

짐을 트렁크에 넣어 주시겠어요?
荷物をトランクに入れてもらえますか？
니모쯔오 토랑꾸니 이레떼 모라에마스까.

어디로 가십니까?
どちらまで行きますか？
도찌라마데 이끼마스까.

이 주소로 데려다 주세요.
この住所までお願いします。
코노 쥬쇼마데 오네가이시마스.

저기서 좌회전 해주세요.
あそこで左に曲がってください。
아소코데 히다리니 마갓떼 쿠다사이.

공항까지 서둘러주세요.
空港まで急いでください。
쿠-꼬-마데 이소이데 쿠다사이.

공항까지 얼마나 걸릴까요?
空港までどれくらいかかりますか?
쿠-꼬-마데 도레쿠라이 카카리마스까.

가장 빠른 길로 가주세요.
一番早い道でお願いします。
이찌방 하야이미찌데 오네가이시마스.

얼마입니까?
いくらですか?
이쿠라데스까.

잔돈은 그냥 가지세요.
おつりはとっておいてください。
오쯔리와 톳떼오이떼 쿠다사이.

■ 지하철 이용

가장 가까운 전철역이 어디인가요?
一番近い駅はどこですか?
이찌방 치카이에키와 도꼬데스까.

시부야로 가려면 어느 선을 타야 하나요?
渋谷に行くにはどの線に乗ればいいですか?
시부야니 이쿠니와 도노센니 노레바 이이데스까.

어디서 갈아타나요?
どこで乗り換えますか?
도꼬데 노리카에마스까.

표는 어디서 사나요?
切符はどこで買えますか?
킵뿌와 도꼬데 카에마스까.

마루노우치선을 타려면 어디로 가야 하나요?
丸の内線に乗るにはどこへ行けばいいですか?
마루노우치센니 노루니와 도꼬에 이케바 이이데스까.

아키하바라에서 야마노테선으로 갈아타세요.
秋葉原で山手線に乗り換えてください。
아키하바라데 야마노테센니 노리카에떼 쿠다사이.

179

첫 전철이 몇 시부터 다니죠?
始発は何時からですか?
시하츠와 난지까라 데스까.

마지막 전철이 몇 시죠?
終電は何時ですか?
슈-뎅와 난지데스까.

종착역이 어디입니까?
終着駅はどこですか?
슈-챠꾸에끼와 도꼬데스까.

어느 역에서 내려야 하나요?
どの駅で降りますか?
도노에끼데 오리마스까.

아카사카역은 몇 번째입니까?
赤坂駅はいくつ目ですか?
아카사카에끼와 이꾸쯔메데스까.

■ 렌트카 이용

차 한 대 렌트하고 싶습니다.
車を借りたいですが。
쿠루마오 카리따이데스가.

하루에 얼마입니까?
一日にいくらですか?
이찌니찌니 이쿠라데스까.

어떤 차를 원합니까?
どんな車を使いたいですか?
돈나 쿠루마오 쯔카이따이데스까.

자동차 목록을 보여주시겠어요?
車の目録を見せてもらえますか?
쿠루마노 모쿠로쿠오 미세떼 모라에마스까.

수동 기어로 부탁합니다.
手動ギアでお願いします。
슈도-기아데 오네가이시마스.

세단 오토매틱으로 부탁합니다.
セダンオートマチックでお願いします。
세단 오-토마칙쿠데 오네가이시마스.

보험이 포함되었나요?
保険は含まれていますか?
호켕와 후쿠마레떼이마스까.

종합보험으로 해주세요.
総合保険でお願いします。
소-고-호켕데 오네가이시마스.

얼마동안 쓰실 거죠?
どのぐらい使う予定ですか?
도노구라이 쯔카우 요테-데스까.

15일간 렌트하려고요.
15日間する予定です。
쥬고니찌캉 스루 요테-데스.

다음달 말까지 필요해요.
来月の末まで必要です。
라이게쯔노 스에마데 히쯔요-데스.

그것으로 하겠습니다.
それにします。
소레니 시마스.

렌트 전에 차를 한 번 보고 싶습니다.
借りる前に車を見てみたいです。
카리루 마에니 쿠루마오 미떼미따이데스.

■ 열차 이용

나고야까지 표를 구입하고 싶은데요.
名古屋までの切符を買いたいんですが。
나고야마데노 킵뿌오 카이따인데스가.

금연석과 흡연석이 있습니다만 어디로 하시겠습니까?
禁煙席と喫煙席、どちらの方がよろしいでしょうか?
킹엔세끼또 키쯔엔세끼 도찌라노호-가 요로시이데쇼-까.

창가 금연석으로 부탁드립니다.
窓側の禁煙席でお願いします。
마도가와노 킹엔세끼데 오네가이시마스.

이 열차는 어디로 갑니까?
この列車はどこに行きますか?
코노렛샤와 도꼬니 이끼마스까.

식당차는 어디에 있습니까?
食堂車はどこにありますか?
쇼꾸도-샤와 도꼬니 아리마스까.

■ 길 묻기

길을 잃었어요.
道に迷ってしまいました。
미치니 마욧떼 시마이마시따.

이 근처에 백화점은 없나요?
この近くにデパートはありませんか?
코노 치카쿠니 데파토와 아리마셍까.

이미 지나왔어요.
もう過ぎました。
모-스기마시따.

공중전화가 어디에 있습니까?
公衆電話はどこにありますか?
코-슈-뎅와와 도꼬니 아리마스까.

신주쿠호텔까지 가는 길 좀 가르쳐 주시겠어요?
新宿ホテルまで行く道を教えてくださいませんか?
신주쿠 호테루마데 이쿠미치오 오시에떼 쿠다사이 마셍까.

다음 신호등에서 오른쪽으로 가세요.
次の信号で右に曲がってください。
쯔기노 신고-데 미기니 마갓떼 쿠다사이.

다음 모퉁이에서 좌측으로 돌아가세요.
次の角で左に曲がってください。
쯔기노 카도데 히다리니 마갓떼 쿠다사이.

파출소 건너편에 있어요.
交番の向こう側にあります。
코-방노 무코-가와니 아리마스.

이 길을 쭉 따라가세요.
この道をまっすぐ行ってください。
코노미찌오 맛스구 잇떼 쿠다사이.

경찰에게 물어보는 게 좋겠네요.
警察に聞いた方がいいです。
케-사쯔니 키이따호-가 이이데스.

호텔에서

■ 호텔 예약과 체크인

예약하셨습니까?
予約はされていますか？
요야꾸와 사레떼이마스까.

예약하고 싶습니다.
予約をしたいですが。
요야꾸오 시따이데스가.

김미나라는 이름으로 예약했습니다.
キム・ミナという名前で予約しました。
키무미나또이우 나마에데 요야꾸 시마시따.

예약확인서를 보여주시겠습니까?
予約確認書を見せてもらえますか？
요야꾸 카꾸닝쇼오 미세떼 모라에마스까.

숙박카드를 기입해 주십시오.
宿泊カードに記入してください。
슈꾸하꾸카-도니 키뉴-시떼 쿠다사이.

성함이 어떻게 됩니까?
お名前は何ですか？
오나마에와 난데스까?

어떻게 작성하는지 가르쳐 주시겠습니까?
書き方を教えてくださいませんか？
카끼카따오 오시에떼 쿠다사이마셍까?

빈 방이 있습니까?
空き部屋はありますか？
아끼베야와 아리마스까.

몇 분이세요?
何名様でしょうか？
난메-사마데쇼-까.

숙박료가 얼마죠?
宿泊料金はいくらですか？
슈쿠하꾸료킹와 이쿠라데스까.

식사는 포함되어 있습니까?
食事は含まれていますか？
쇼꾸지와 후꾸마레떼 이마스까.

어떤 방으로 하시겠습니까?
どのような部屋がよろしいでしょうか？
도노요-나 헤야가 요로시이데쇼-까.

전망이 좋은 1인실은 없나요?
眺めのいいシングルの部屋はありませんか？
나가메노 이이 싱구루노 헤야와 아리마셍까.

방 좀 보여주시겠어요?
部屋を見せてもらえますか？
헤야오 미세떼 모라에마스까.

더 싼 방이 있나요?
もう少し安い部屋はありませんか？
모-스코시 야스이 헤야와 아리마셍까?

이 방으로 하겠습니다.
この部屋にします。
코노 헤야니 시마스.

체크인해주세요.
チェックインお願いします。
첵꾸잉 오네가이시마스.

얼마동안 묵을 예정인가요?
どのくらい泊まる予定ですか？
도노쿠라이 토마루 요테-데스까?

내일 저녁부터 이틀간 머물 예정입니다.
明日の夜から二泊します。
아시따노 요루까라 니하꾸시마스.

하룻밤 머물 예정입니다.
一泊する予定です。
입빠꾸스루 요테-데스.

■ 호텔 서비스

룸서비스 부탁합니다.
ルームサービスをお願いします。
루-무 사-비스오 오네가이시마스.

방을 청소해주세요.
部屋を掃除してください。
헤야오 소-지시떼 쿠다사이.

세탁서비스는 가능합니까?
選択サービスはできますか？
센타쿠 사-비스와 데끼마스까.

외선전화는 어떻게 겁니까?
外線電話はどうかけるんですか？
가이센뎅와와 도-카케룬데스까.

서울로 국제전화를 걸고 싶은데요.
ソウルへ国際電話をかけたいですが。
소우루에 코쿠사이뎅와오 카케따이데스가.

귀중품을 맡아주시겠어요?
貴重品を預かってもらえますか？
키쵸-힝오 아즈깟떼 모라에마스까.

6시에 모닝콜 좀 해주세요.
朝6時にモーニングコールをお願いします。
아사 로꾸지니 모-닝구 코-루오 오네가이시마스.

체크아웃은 몇 시입니까?
チェックアウトは何時ですか？
첵꾸아우토와 난지데스까.

역까지 데리러 옵니까?
駅まで迎えに来てくれますか？
에끼마데 무까에니 키떼쿠레마스까.

한국어가 가능한 사람이 있습니까?
韓国語ができる人はいますか？
캉코쿠고가 데끼루 히또와 이마스까.

이 소포를 한국으로 보내주세요.
この小包を韓国に送ってください。
코노 코즈쯔미오 캉코쿠니 오꿋떼 쿠다사이.

팩스를 사용할 수 있을까요?
ファックスを送ることができますか？
확꾸스오 오꾸루코또가 데끼마스까.

인터넷을 사용하고 싶습니다.
インターネットを使いたいですが。
인타－넷토오 쯔카이따이데스가.

열쇠를 잃어버렸어요.
鍵をなくしました。
카기오 나쿠시마시따.

다른 방으로 주세요.
他の部屋をください。
호까노 헤야오 쿠다사이.

에어컨이 작동되지 않습니다.
エアコンが動きません。
에아콘가 우고키마셍.

■체크아웃

체크아웃 부탁합니다.
チェックアウトをお願いします。
첵꾸아우토오 오네가이시마스.

카드로 계산해도 될까요?
カードで支払いできますか?
카-도데 시하라이 데끼마스까.

여행자수표로 지불 가능합니까?
**トラベラーズチェックで支払うこ
とはできますか?**
토라베라-즈첵꾸데 시하라우코또와 데끼마스
까.

영수증 주세요.
領収証をください。
료-슈-쇼-오 쿠다사이.

세금이 포함된 가격인가요?
税込みですか?
제-코미데스까.

방에 놓고 온 물건이 있습니다.
部屋に忘れ物をしてしまいました。
헤야니 와스레모노오 시떼시마이마시따.

전화는 사용하지 않았습니다.
電話はかけていません。
뎅와와 카케떼이마셍.

계산이 틀린 것 같습니다만.
計算が間違っているようですが。
케-산가 마찌갓떼이루요-데스가.

택시 좀 불러 주세요.
タクシーを呼んでください。
타꾸시-오 욘데쿠다사이.

6시까지 짐 좀 맡아주시겠어요?
**6時まで荷物を預かってもらえます
か?**
로꾸지마데 니모쯔오 아즈깟떼 모라에마스까.

공항까지 가는 셔틀버스가 있나요?
**空港まで行くシャトルバスはあり
ますか?**
쿠-꼬-마데 이꾸 샤토루바스와 아리마스까.

식당 · 쇼핑

메뉴 좀 주세요.
メニューをください。
메뉴-오 쿠다사이.

지금 주문할까요?
今注文しましょうか？
이마 츄-몽시마쇼까.

먼저 음료를 주문하겠습니다.
とりあえずお飲み物をお願いします。
토리아에즈 오노미모노오 오네가이시마스.

결정하셨습니까?
お決まりですか？
오키마리데스까.

이 식당에서 잘하는 요리가 뭐죠?
この店の自慢料理は何ですか？
코노미세노 지만료-리와 난데스까.

이 요리의 재료가 뭐죠?
この料理の材料は何ですか？
코노 료-리노 자이료-와 난데스까.

양이 어느 정도입니까?
どれぐらいの量ですか？
도레구라이노 료-데스까.

디저트는 무엇으로 하시겠습니까?
デザートは何になさいますか？
데자-토와 나니니 나사이마스까.

어떤 종류의 맥주가 있나요?
どんなビールがありますか？
돈나 비루가 아리마스까.

이건 맛이 어떻죠?
これはどんな味ですか？
코레와 돈나 아지데스까.

메뉴 좀 다시 보여주세요.
メニューをもう一度見せてください。
메뉴-오 모-이찌도 미세떼 쿠다사이.

추천할 만한 게 있나요?
おすすめ料理は何ですか？
오스스메 료-리와 난데스까?

이미 주문 했습니다.
もう注文しました。
모- 츄-몽시마시따.

오늘의 특별요리가 뭐죠?
今日のスペシャル料理は何ですか？
쿄-노 스페샤루 료-리와 난데스까.

이것과 이걸로 하겠어요.
これとこれにします。
코레또 코레니 시마스.

같은 걸로 주세요.
同じものをお願いします。
오나지 모노오 오네가이시마스.

■ 쇼핑하기

쇼핑몰이 어디입니까？
ショッピングセンターはどこですか？
숍핑구센타-와 도꼬데스까.

매일 영업하나요？
毎日営業しますか？
마이니찌 에-교-시마스까.

외국인도 포인트 카드를 만들 수 있나요？
外国人もポイントカードを作れますか？
가이코쿠진모 포인토카-도오 쯔꾸레마스까.

친구에게 선물루 줄 화장품을 좀 사려고요.
友達にあげる化粧品を買いたいですが。
토모다찌니 아게루 케쇼-힝오 카이따이데스가.

신사복 매장은 어디입니까？
紳士服コーナーはどこですか？
신시후꾸 코-나와 도꼬데스까.

아동복은 몇 층에 있나요？
子供服は何階にありますか？
코도모후꾸와 난까이니 아리마스까.

디지털 카메라를 사고 싶은데요.
デジカメを買いたいですが。
데지카메오 카이따이데스가.

보석은 어디서 살 수 있어요？
宝石はどこで買えますか？
호-세끼와 도꼬데 카에마스까.

조금 깎아주세요.
少し安くしてください。
스코시 야스쿠시떼 쿠다사이.

면세는 안되나요？
免税はできませんか？
멘제-와 데끼마셍까.

저 핸드백 좀 봐도 될까요？
あのハンドバックを見てもいいですか？
아노 한도박꾸오 미떼모 이이데스까?

편의점은 어디에 있죠？
コンビニーはどこにありますか？
콤비니-와 도꼬니 아리마스까.

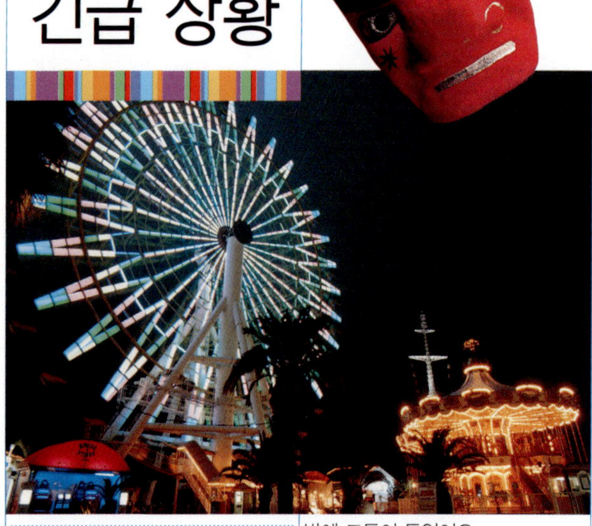

■ 분실 · 도난

분실물 센터가 어디죠?
紛失物センターはどこですか？
훈시쯔부쯔 센타-와 도꼬데스까.

여권을 잃어버렸어요.
パスポートをなくしました。
파스포-토오 나꾸시마시따.

버스에서 떨어뜨렸어요.
バスで落としてしまいました。
바스데 오또시떼 시마이마시따.

택시에 지갑을 두고 내렸어요.
タクシーに財布を忘れて降りました。
타꾸시니 사이후오 와스레떼 오리마시따.

어디서 잃어버렸는지 모르겠어요.
どこでなくしたのか分かりません。
도꼬데 나꾸시따노까 와까리마생.

여기서 빨간 지갑을 못 보셨나요?
ここで赤い財布を見ませんでしたか？
코꼬데 아까이 사이후오 미마셍데시따까.

방에 도둑이 들었어요.
部屋に泥棒が入りました。
헤야니 도로보-가 하이리마시따.

누가 제 가방을 빼앗아갔어요.
誰かに私のカバンを盗られました。
다레까니 와따시노 카방오 토라레마시따.

도둑이야! 잡아라!
泥棒！捕まえて！
도로보-! 쯔까마에떼!

카드 사용을 정지해주세요.
カードの支払いを停止してください。
카-도노 시하라이오 테이시시떼 쿠다사이.

새 카드는 어디서 받을 수 있을까요?
新しいカードはどこでもらえますか？
아따라시이 카-도와 도꼬데 모라에마스까?

카드가 사용되고 있는지 알아봐 주세요.
すでに使われてしまっているかどうか調べてください。
스데니 쯔카와레떼 시맛떼이루까 도-까 시라베떼 쿠다사이.

도와주세요.
助けてください。
타스케떼 쿠다사이.

전화 좀 빌려주세요.
電話を貸してもらえますか。
뎅와오 카시떼 모라에마스까.

이 근처에 병원이 있습니까?
この近くに病院はありますか？
코노 치까꾸니 뵤-잉와 아리마스까.

만약 찾으시면 이쪽으로 연락주세요.
**もし見つかったらここに連絡して
ください。**
모시 미쯔깟따라 코꼬니 렌라꾸시떼 쿠다사이.

차에 치였습니다.
車に引かれました。
쿠루마니 히카레마시따.

■ **교통사고**

누가 경찰 좀 불러주세요.
誰か警察を呼んでください。
다레까 케-사쯔오 욘데쿠다사이.

출혈이 심합니다.
出血がひどいです。
슛케츠가 히도이데스.

사고가 났습니다.
事故がありました。
지꼬가 아리마시따.

뼈가 부러진 것 같은데요.
骨が折れたみたいです。
호네가 오레따 미따이데스.

다쳤습니다.
けがをしました。
케가오 시마시따.

병원에 데려다 주시겠어요?
病院へ連れて行ってもらえますか？
뵤-잉에 쯔레떼잇떼 모라에마스까.

숨을 못 쉬겠어요.
息ができません。
이키가 데끼마셍.

제 친구에게 응급처치를 해 주시겠
어요?
**私の友達に応急措置をしてくれま
せんか？**
와따시노 토모다찌니 오-큐-쇼찌오 시떼 쿠레
마셍까.

구급차를 불러주세요.
救急車を呼んでください。
큐-큐-샤오 욘데쿠다사이.

189

처방전을 받을 수 있을까요?
処方せんをもらえますか？
쇼호-셍오 모라에마스까.

여기 한국어를 하는 의사는 없나요?
ここに韓国語ができる医者はいませんか？
코꼬니 캉코꾸고가 데끼루 이샤와 이마셍까.

입원 수속은 어디서 합니까?
入院手続きはどこでしますか？
뉴-잉테쯔즈키와 도꼬데 시마스까.

열이 조금 있습니다.
熱が少しあります。
네쯔가 스코시 아리마스.

현기증이 납니다.
めまいがします。
메마이가 시마스.

너무 가렵습니다.
かゆみがひどいです。
카유미가 히도이데스.

혈액형은 AB형입니다.
血液型はAB型です。
케쯔에끼가타와 에-비가타데스.

■ 약국에서
설사를 합니다.
下痢をします。
게리오 시마스.

■ 병원에서
보험은 가입되어 있나요?
保険は入っていますか？
호켕와 하잇떼 이마스까.

여행자 보험이 있어요.
旅行者保険があります。
료코-샤 호켕가 아리마스.

몸 상태가 좋지 않습니다.
具合いが悪いです。
구아이가 와루이데스.

예약을 해야 합니까?
予約は必要ですか？
요야쿠와 히쯔요-데스까.

잠을 잘 수가 없습니다.
よく眠れません。
요꾸 네무레마셍.

어떤 상태인가요?
どのような状態ですか？
도노요-나 죠-타이데스까.

평소에 먹는 약이 있습니까?
普段飲んでいる薬はありますか？
후당 논데이루 쿠스리와 아리마스까.

여기는 이상 없나요?
ここは異常ありませんか？
코꼬와 이죠-아리마셍까.

진단서를 받을 수 있을까요?
診断書をもらえますか？
신단쇼오 모라에마스까.

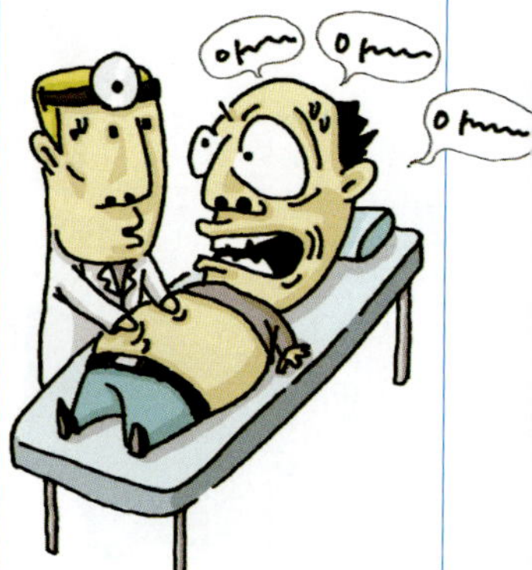

배가 아픕니다.
お腹が痛いです。
오나까가 이따이데스.

두통약 좀 주세요.
頭痛薬をください。
즈츠-야꾸오 쿠다사이.

아스피린 있습니까?
アスピリンありますか？
아스피린 아리마스까.

진통제 있어요?
痛み止はありますか？
이타미도메와 아리마스까.

감기약 주세요.
風邪薬をください。
카제구스리오 쿠다사이.

이 약을 어떻게 복용하죠?
この薬はどうやって服用しますか？
코노 쿠스리와 도-얏떼 후꾸요-시마스까.

하루에 몇 번 먹어야 되죠?
一日に何回飲めばいいですか？
이찌니찌니 난까이 노메바 이이데스까.

알레르기 있으세요?
アレルギーはありますか？
아레루기-와 아리마스까.

식사 전에 복용해야 하나요?
食前に飲みますか？
쇼쿠젠니 노미마스까.

부작용은 없나요?
副作用はありませんか？
후쿠사요-와 아리마셍까.

처방전 없인 판매할 수 없습니다.
処方せんなしには販売できません。
쇼호-센 나시니와 한바이 데끼마셍.

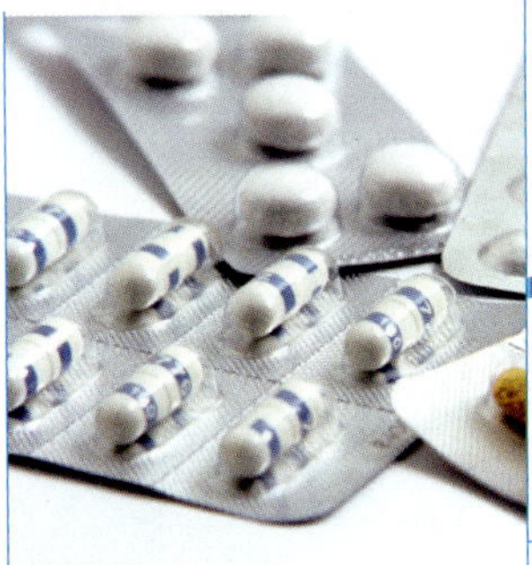

처방전은 있습니다.
処方せんはあります。
쇼호-셍와 아리마스.

여행 계속해도 괜찮습니까?
旅行を続けてもいいですか？
료코-오 쯔즈케떼모 이이데스까.

조금 나아졌습니다.
少しよくなりました。
스꼬시 요꾸 나리마시따.

몇 번인가 토했습니다.
何度か吐きました。
난도까 하키마시따.

회복하려면 어느 정도 걸립니까?
治るまでにどのくらいかかりますか？
나오루마데니 도노구라이 카카리마스까.

입원하지 않으면 안 됩니까?
入院しなければなりませんか？
뉴-잉 시나케레바 나리마셍까?

약의 종류

두통약	頭痛薬 (즈쯔-야꾸)
소화제	消化剤 (쇼-카자이)
안약	目薬 (메구스리)
설사약	下痢止め (게리도메)
변비약	便秘薬 (벤삐야꾸)
진통제	痛み止め (이타미도메)
감기약	風邪薬 (카제구스리)
정로환	正露丸 (세이로간)
반창고	絆創膏 (반소-코-)

Happy Tour 오사카 고베

OSAKA · KOBE

초판 인쇄일 _ 2008년 7월 3일

초판 발행일 _ 2008년 7월 10일

발행인 _ 박정모

발행처 _ 도서출판 혜지원

주소 _ 서울시 동대문구 장안 1동 420-3호

전화 _ 영업부 02)2212-1227, 2213-1227

전화 _ 편집부 02)2249-7975

팩스 _ 02)2247-1227

홈페이지 _ http://www.hyejiwon.co.kr

지은이 _ MOOK 편집실

기획·진행 _ 강은혜

교정·교열 _ 유신향, 송유선

디자인, 본문편집 _ 박애리

표지디자인 _ 김경미

영업마케팅 _ 김남권, 황대일, 고광수, 서지영

ISBN _ 978-89-8379-563-2

　　　　978-89-8379-539-7 (세트)

정가 _ 7,800원

무료통화이용권(콜렉트콜)

3,000원

- 외국에서 한국으로 전화시 착신번호마다 매월 1,000원씩 무료로 통화하실 수 있습니다! (3개번호)

우리은행 환율우대

쿠폰 NO.US GA　135248

50%

- 본 쿠폰은 다른 우대서비스와 중복하여 사용 할 수 없으며, 우대율은 은행 사정에 따라 조정될 수 있습니다.
- 유효기간 : ~ 2008년 12월 31까지
- 우대 내용 후면 참조

※ 단, 미화기준으로 500달러 미만은 30% 할인

출국 준비물 위드공구 할인쿠폰

NO. W214619-1948

Discount Coupon **10~5%**

- 본 쿠폰은 1인 1회에 한하여 사용 가능합니다.
- 본 쿠폰은 다른 쿠폰과 중복하여 사용하실 수 없습니다.
- 일부 품목은 할인에서 제외될 수 있습니다. www.with09.net

공항고속/센트럴시티 리무진 버스 할인권

NO. 903921

Limousine Bus Discount Coupon

2,000 원 할인권(1회)

- 유효기간 : ~ 2008년 12월 31일까지
- 홈페이지 : www.samhwaexpress.com
- 승차권 구입장소 및 이용방법 후면 참조 www.centralcityseoul.co.kr

공항고속/센트럴시티 리무진 버스 할인권

NO. 903921

Limousine Bus Discount Coupon

2,000 원 할인권(1회)

- 유효기간 : ~ 2008년 12월 31일까지
- 홈페이지 : www.samhwaexpress.com
- 승차권 구입장소 및 이용방법 후면 참조 www.centralcityseoul.co.kr

우리은행 환율우대 쿠폰안내

- 본 쿠폰은 1인 1회에 한하여 사용가능합니다.(개인에 한함)
- 우리은행 전 영업점(인천국제공항지점 제외)에서 외화현찰, 여행자수표를 환전하거나
  해외송금시 우대환율을 적용하여 드립니다.(중국화폐CNY는 30% 우대)
  – 할인우대율 : 당일고시 매매기준율과 대고객매매율 차이의 환전수수료 50~30%를 우대
- 본 쿠폰은 다른 우대조치와 중복하여 사용하실 수 없으며, 우대율은 은행사정에따라 조정될 수 있습니다.

유학이주센터

세종로 유학이주센터	02)399-2742	목동 유학이주센터	02)2652-4030	테헤란로 유학이주센터	02)554-3071/3
연희동 유학이주센터	02)324-7001	종로 YMCA 유학이주센터	02)738-8472	연세 유학이주센터	02)313-3198
압구정동 유학이주센터	02)541-2947	대치역 유학이주센터	02)569-9031	대치남 유학이주센터	02)567-0483
분당중앙 유학이주센터	031)704-1541	일산중앙 유학이주센터	031)919-0501	서면 유학이주센터	051)804-2007
도곡스위트 유학이주센터	02)2058-1100	수영만 유학이주센터	051)747-9701		

※ 무료상담전화 : 080-365-5000

쿠폰사용방법

www.with09.net 접속 ---> 회원가입 후 가입경로 "동호회 추천" ---> 우측 코드란에 쿠폰 NO.W214619-1948입력 가입완료되면 전품목 할인된 가격으로 표기됩니다.

❌ 대표상품

이민가방, 여행가방, 전통기념품, 트랜스, 전세계 플러그, 침낭, 압축팩, 전기장판,
전자사전 등 전세계 출국준비물 **국내 최저가 판매**

문의전화 : (02)374-6227 / 010-6313-1664

공항고속/센트럴시티 리무진 버스 할인권 안내

Limousine Bus Discount Coupon

★ 이용구간

- 인천국제공항 –> 강남 센트럴시티 방면
- 인천국제공항 –> 서울역, 용산역 방면

승차권 구입장소 : 입국장(1층) 4A, 10B 출입구 옆 승차권 판매소

성함		E-mail		내용을 기입하셔야 이용 가능합니다.

★ 승차권 구입시 우대권 제출해 주십시오.(1인 1매에 한하여 타 쿠폰과 중복사용 불가)
★ 문의전화 : 센트럴시티 02)6282-0652 서울역 / 용산역 02)775-7915

공항고속/센트럴시티 리무진 버스 할인권 안내

Limousine Bus Discount Coupon

★ 이용구간

- 센트럴시티 –> 인천국제공항(센트럴시티내 호남선터미널 1층 리무진 매표소)
- 서울역 –> 인천국제공항(서울역 광장 역전파출소 앞 리무진 매표소)
- 용산역 –> 인천국제공항(용산역 지상3층 달 주차장 리무진 매표소)

성함		E-mail		내용을 기입하셔야 이용 가능합니다.

★ 승차권 구입시 우대권 제출해 주십시오.(1인 1매에 한하여 타 쿠폰과 중복사용 불가)
★ 문의전화 : 센트럴시티 02)6282-0652 서울역 / 용산역 02)775-7915